"十四五"职业教育国家规划教材

UG NX 数控编程学习教程
（UG NX12.0）

主　　编　王卫兵
副主编　王金生
参　　编　巫修海　王卫仁　杨　林　吴丽萍

机械工业出版社

本书是"十二五"和"十四五"职业教育国家规划教材修订版。

本书以"产教融合"的理念，结合企业数控编程员的真实岗位能力需求，以典型工作任务为基础，以工作过程为导向，采用项目案例组织教学内容。全书共选择了 6 个具有典型应用特性的 UG NX 数控铣编程学习项目，包括心形凹槽的数控编程、十字联轴器的数控编程、工具箱盖凸模的数控编程、泵盖的数控编程、头盔凸模的数控编程以及卡通脸谱铣雕加工的数控编程。所有项目都来源于企业的典型案例，经过课程规划提炼，既是一个完整的综合项目，又有各自的侧重点。每个项目包含若干个任务，每个任务的内容相对独立，并按"任务目标"→"任务分析"→"知识链接"→"任务实施"→"精益求精"→"挑战一下" 6 个模块展开，内容涵盖了 UG NX 软件数控编程的基础知识、父节点组的创建、型腔铣工序的创建、平面铣工序的创建、钻孔工序的创建以及固定轮廓铣工序的创建等方面。

本书以 UG NX12.0 中文版为平台进行编写，同时适用于 UG NX10.0 以后的各版本。为配合课程学习，本书编者录制了大量的微课资源，读者可以扫描书中的二维码进行观看。另外，读者可以登录机械工业出版社教育服务网（http://www.cmpedu.com）或者加入 QQ 群（540190860）下载本书的电子课件与模型文件，咨询电话：010-88379375。本书编者在浙江省高等学校在线开放课程共享平台（https://www.zjooc.cn）上开设了在线开放课程"CAM 自动编程"，读者可参与学习，教师可以应用在线开放课程进行课程教学。

本书可作为高等职业院校数控技术、数字化设计与制造技术、机械设计与制造、机械制造及自动化和模具设计与制造等专业的教材，也可供应用型本科学校选用，还适合作为相关工程技术人员的学习参考用书。

图书在版编目（CIP）数据

UG NX 数控编程学习教程：UG NX12.0/王卫兵主编. —北京：机械工业出版社，2024.7（2025.1 重印）

ISBN 978-7-111-75601-9

Ⅰ.①U… Ⅱ.①王… Ⅲ.①数控机床-程序设计-应用软件-教材 Ⅳ.①TG659-39

中国国家版本馆 CIP 数据核字（2024）第 072749 号

机械工业出版社（北京市百万庄大街 22 号　邮政编码 100037）
策划编辑：王英杰　　　　　　　责任编辑：王英杰
责任校对：杜丹丹　宋　安　　　封面设计：陈　沛
责任印制：李　昂
河北环京美印刷有限公司印刷
2025 年 1 月第 1 版第 2 次印刷
184mm×260mm·15 印张·371 千字
标准书号：ISBN 978-7-111-75601-9
定价：48.00 元

电话服务　　　　　　　　　　　网络服务
客服电话：010-88361066　　　机　工　官　网：www.cmpbook.com
　　　　　010-88379833　　　机　工　官　博：weibo.com/cmp1952
　　　　　010-68326294　　　金　书　网：www.golden-book.com
封底无防伪标均为盗版　　机工教育服务网：www.cmpedu.com

前　　言

本书是"十二五"职业教育国家规划教材《UG NX 8.0 数控编程学习情境教程》和"十四五"职业教育国家规划教材《UG NX 10.0 数控编程学习教程（第 3 版）》的修订版，结合新时代职业教育高质量发展的要求，将新技术、新工艺、新理念纳入教材。本书以 UG NX 12.0 中文版为载体进行讲解，同时适用于 UG NX 10.0 以后的各个版本。

党的二十大报告提出，要推进新型工业化，加快建设制造强国、质量强国、航天强国、交通强国、网络强国、数字中国，数控编程技术是实现工业企业转型升级、实现数字化制造的关键技术之一。本书强调以保证质量与效率为编程关键点，着力将学生培养成为具备数控编程实践能力、创新能力以及综合职业能力的高技能人才。

本书以"产教融合"的理念，结合企业数控编程员的真实岗位能力需求，以典型工作任务为基础，以工作过程为导向，采用项目案例组织教学内容。全书选择 6 个典型的数控编程学习项目，所有项目都来源于企业的真实案例，经过课程规划提炼，既是一个完整的综合项目，又有各自侧重点。每个项目包含若干个任务，每个任务的内容相对独立，并按"任务目标"→"任务分析"→"知识链接"→"任务实施"→"精益求精"→"挑战一下" 6 个模块展开。

项目 1　心形凹槽的数控编程，主要讲解 UG NX CAM 加工编程模块的基础知识，以及进入加工模块与数控编程的一般步骤。

项目 2　十字联轴器的数控编程，主要讲解 UG NX 中数控铣编程基础，包括刀具的创建、几何体的创建、工序的创建以及工序导航器的应用。

项目 3　工具箱盖凸模的数控编程，主要讲解 UG NX 中型腔铣的应用，包括型腔铣工序的创建与几何体指定、型腔铣的刀轨设置，切削层、切削参数、非切削移动、进给率和速度的设置，深度轮廓铣以及深度加工拐角工序的创建。

项目 4　泵盖的数控编程，主要讲解 UG NX 中平面铣与钻孔工序的应用，包括平面铣工序的创建、边界的选择、平面铣的刀轨设置、面铣工序的创建、平面轮廓铣工序的创建与钻孔工序的创建、钻孔几何体的指定以及钻孔循环设置等。

项目 5　头盔凸模的数控编程，主要讲解 UG NX 中精加工工序的创建，包括剩余铣工序的创建、固定轮廓铣工序的创建、区域轮廓铣工序与区域铣削驱动方法设置等。

项目 6　卡通脸谱铣雕加工的数控编程，主要讲解 UG NX 中固定轮廓铣不同驱动方法的应用，包括边界驱动、螺旋驱动、径向切削驱动、曲线/点驱动、流线驱动、文本驱动和曲面区域驱动等不同驱动方法的固定轮廓铣工序的创建与驱动方法设置。

为配合课程学习，本书编者录制了大量的微课资源，读者可以扫描书中的二维码进行观看。另外，读者可以通过机械工业出版社教育服务网（http://www.cmpedu.com）或者加入 QQ 群（540190860）下载本书对应的电子课件与模型文件，咨询电话：010-88379375。本书编者在浙江省高等学校在线开放课程共享平台（https://www.zjooc.cn）上开设了在线开放课程"CAM 自动编程"，读者可参与学习，教师可以应用在线开放课程进行课程教学。

本书由王卫兵任主编，王金生任副主编，巫修海、王卫仁、杨林、吴丽萍参与了编写和教学资源的制作。本书在编写和出版过程中，得到了台州市九谊机电有限公司、台州市星星模具有限公司等企业的工程师的指导，也得到了机械工业出版社与台州职业技术学院同仁的支持，在此一并表示感谢！

限于编者的水平和经验，书中难免有疏漏之处，恳请广大读者批评指正。

编　者

二维码索引

目　　录

项目 1

心形凹槽的数控编程

〖项目概述〗

本项目要求完成一个简单的心形凹槽（图 1-1）的数控加工程序创建。这个零件的凹槽部分为一个心形，零件材料为硬铝，零件的三维模型已经设计完成，文件名为"T1. prt"，零件的精度与表面粗糙度要求不高。

要求应用 UG NX 软件来创建这个零件的数控加工程序，同时通过这一项目的学习，掌握 UG NX 加工模块应用的相关基础知识。

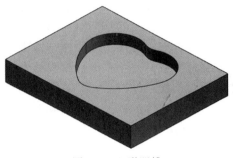

图 1-1　心形凹槽

〖项目目标〗

➤ 掌握 UG NX 加工模块的基础知识。

➤ 了解 UG NX 编程的一般步骤。

➤ 了解工序导航器中的几种视图。

➤ 能正确选择模板进行加工环境的初始化。

➤ 能进行工序的生成与检验。

➤ 能正确应用工序导航器选择工序进行后处理。

任务 1-1　进入 UG NX 加工模块

【任务目标】

➤ 掌握 CAD/CAM 基本概念。

➤ 了解 UG NX CAM 模块的特点。

➤ 熟悉 UG NX 加工模块的工作界面。

➤ 了解 UG NX 加工模块中的常用工具条。

➤ 能够正确选择初始化模板进入加工模块。

【任务分析】

UG NX 软件的编程要在专门的加工模块中进行，因此，首先要从建模模块或者其他模块进入到加工模块。

【知识链接：UG NX 加工模块】

1.1.1　CAM 基础

CAM 即计算机辅助制造。CAD/CAM 通常特指使用 CAD/CAM 软件进行零件模型的设计，通过人机交互进行刀轨生成与后处理，最后生成数控程序。数控程序的质量将直接影响产品的制造效率与制造质量。

数控编程经历了手工编程、APT 语言编程和交互式图形编程三个阶段。交互式图形编程就是通常所说的 CAM 软件编程，也称为"自动编程"。CAM 自动编程具有速度快、精度高、直观性好、使用简便、便于检查和修改等优点，已成为目前国内外数控加工普遍采用的数控编程方法。交互式图形编程的实现是以 CAD 技术为前提的，数控编程的核心是刀位点计算，对于复杂的产品，其数控加工刀位点的人工计算十分困难，利用 CAD 技术生成的产品三维造型包含了数控编程所需要的完整的产品表面几何信息，而计算机软件可针对这些几何信息进行数控加工刀位的自动计算。绝大多数的 CAM 编程软件同时具备 CAD 的功能，因此称为 CAD/CAM 一体化软件。

1.1.2　UG NX CAM 基础

UG NX（UG 公司已被西门子公司收购，但习惯上仍将 NX 软件称为 UG NX）是数字化产品生命周期管理（PLM）的核心部分，PLM Solutions 可以提供具有强大生命力的产品全生命周期管理解决方案，包括产品开发、制造规划、产品数据管理和电子商务等的产品解决方案，还提供了一整套面向产品的完善的服务，主要应用于汽车、航空航天、日用消费品、通用机械以及电子等领域，通过虚拟产品开发（VPD）的理念，为企业提供多级化的、集成的、企业级的、包括软件产品与服务在内的完整解决方案。UG NX 功能非常强大，其包含的模块也非常多，涉及工业设计与制造的各个层面，是一款 CAD/CAE/CAM 集成软件。

UG NX 的 CAM 加工模块是把虚拟模型变成真实产品过程中的重要功能模块，即把三维模型表面所包含的几何信息自动进行计算，变成数控机床加工所需要的代码，从而精确地完成产品设计的构想。使用 UG NX 制造解决方案可以帮助用户提高零件的制造效率，包括缩短数控编程和加工时间、提高产品质量、提升资源的利用率。

UG NX 加工模块具有非常强大的功能，可以编制各种复杂零件的数控加工程序，完成两轴、三轴、四轴、五轴的数控铣加工编程与数控车、线切割加工的编程。本书将讲解应用最为广泛的三轴铣数控编程。

1.1.3　加工模块

1. 进入加工模块

从建模模块或者其他模块进入加工模块。

在工具条顶部选择"应用模块"选项卡，再在工具条上单击"加工"按钮进入加工模块，如图 1-2 所示，另外也可以使用快捷键<Ctrl+Alt+M>进入加工模块。

2. 设置加工环境

为加工环境选择适用的加工类型与加工模板集。

首次进入加工模块时，系统会弹出"加工环境"对话框，如图 1-3 所示。选择相应的"CAM 会话配置"和"要创建的 CAM 设置"后，单击"确定"按钮，调用加工配置进行加工环境的初始化设置。"CAM 会话配置"用于选择加工所使用的模板集。"要创建的 CAM 设置"是在制造方式中指定加工设定的默认值文件，也就是要选择一个加工模板。

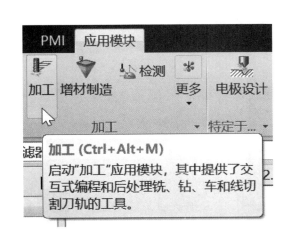

图 1-2 进入加工模块

图 1-3 "加工环境"对话框

选择模板文件将决定加工环境初始化后可以选用的工序类型，也决定了在创建程序、刀具、方法和几何体时可选择的父节点类型。

在三轴数控铣编程中，最常用的设置为："CAM 会话配置"选择"cam_general"，"要创建的 CAM 设置"为"mill_planar"平面铣和"mill_contour"轮廓铣。

已经进入加工模块并保存过的文件，再次打开时将直接进入加工模块，但其初始类型可能需要重新选择。

1.1.4 UG NX 加工模块的工作界面

UG NX 加工模块的工作界面的主体部分与建模模块的工作界面相似，图 1-4 所示为部分用户界面。在导航按钮中增加了"工序导航器"按钮，可以打开工序导航器，用于管理创建的工序及其他组对象。

在加工模块中，主要有以下特有的工具条：

（1）"插入"工具条 "插入"工具条用于创建各种加工中涉及的对象，包括创建刀

4

具、创建几何体、创建工序与创建程序、创建加工方法。

（2）"工序"工具条 "工序"工具条用于对选择的工序进行处理，包括生成刀轨，确认刀轨、机床仿真、后处理、车间文档等操作。

（3）"导航器"工具条 "导航器"工具条位于资源条上方，用于切换工序导航器的显示视图，包括程序顺序视图、机床视图、几何视图和加工方法视图。

用户界面的工具条可以定制，如导航器是资源条的一部分，可以按使用习惯设置显示在左侧或者显示在右侧。

图 1-4 部分用户界面

【任务实施】

首先进入加工模块，为编程做准备，具体步骤如下。

◆ 步骤 1 打开部件文件

1-1

启动 UG NX 软件，打开文件名为 "T1. prt" 的部件文件，如图 1-5 所示。

◆ 步骤 2 检视模型

通过调整视角方向与视图大小，在图形区检视零件模型，确认没有明显缺陷，并可以通过分析工具测量关键部位尺寸。

◆ 步骤 3 进入加工模块

在工具条顶部单击"应用模块"按钮，显示功能模块，再在工具条上单击"加工"按钮，进入加工模块，如图 1-6 所示。

◆ 步骤 4 加工环境初始化

系统弹出"加工环境"对话框，设置"要创建的 CAM 设置"为"mill_contour"，如图 1-7 所示，单击"确定"按钮，进行加工环境的初始化设置。

◆ 步骤 5 显示工序导航器

进入加工模块后，单击屏幕左侧的"工序导航器"按钮，显示工序导航器，如图 1-8 所示。

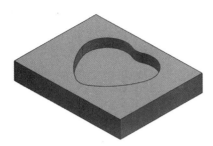

图 1-5　打开部件文件

图 1-6　进入加工模块

图 1-7　加工环境初始化

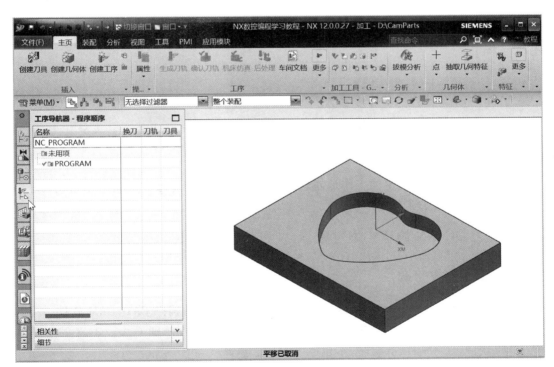

图 1-8　进入加工模块后的工作界面

【精益求精】

　　进行 CAM 编程，首先要进入加工模块。进入加工模块时选择的设置，将影响创建后续各个对象时选择的子类型。进入加工模块的操作中需要注意以下几点：

1）进入加工模块前，打开的建模文件必须与设计人员确认是否为最新版本的文件。

2）进入加工模块后并不创建新的文件，它与原模型文件使用同一文件名。对于在编程时需要对模型进行更改的（如收缩率设置），需要特别注意。

3）三轴铣编程中最常用的加工环境是将"要创建的 CAM 设置"设置为"mill_contour"。

4）如果进入编程环境后，需要重新初始化，在菜单中选择"工具"→"工序导航器"→"删除设置"命令，删除当前所有的设置，再打开"加工环境"对话框，重新选择 CAM 设置。

5）在加工模块中，很多基础操作与建模模块相同，这些应用可以参考 CAD 设计相关的介绍。

【挑战一下】

本任务是从建模模块进入加工模块，也可以在新建文件时指定一个加工模板文件，并引用一个模型文件进入加工模块，请尝试以这一方式进入加工模块。

任务 1-2　创 建 工 序

【任务目标】

➤ 掌握 UG NX CAM 模块的常用操作。

➤ 了解 UG NX 编程的一般步骤。

➤ 初步掌握 UG NX 工序创建的步骤。

【任务分析】

在 UG NX 中，编程的主体工作是创建工序，创建工序后进行后处理才能生成程序。本任务要创建心形凹槽加工的工序。

【知识链接：UG NX 编程实施过程】

1.2.1　CAM 编程过程

目前市场上主流的 CAD/CAM 软件，包括最近不断进步的国产 CAD/CAM 软件，均具备较好的交互式图形编程功能，操作过程大同小异，编程能力差别不大。不管采用哪一种 CAD/CAM 软件，CAM 自动编程基本包括以下几个步骤。

1. 获得 CAD 模型

CAD 模型是 CAM 自动编程的前提和基础，程序编制必须通过 CAD 模型为加工对象进行编程。可以通过直接打开 CAD 文件、数据转换、直接造型等方式获得 CAD 模型。

2. 加工工艺分析和规划

加工工艺分析和规划的主要内容包括加工对象的确定与加工区域规划、加工工艺路线规划以及加工方式、切削用量确定等。完成工艺分析后，应填写 CAM 数控加工工序表，表中的项目应包括加工区域、加工性质、走刀方式、使用刀具、主轴转速、切削进给等内容。

3. CAD 模型完善

对 CAD 模型进行适于 CAM 程序编制的处理，通常包括坐标系的调整、修补部分曲面、隐藏部分对象、增加安全曲面以及构建刀路轨迹限制边界等。

4. 加工参数设置

参数设置可视为对工艺分析和规划的具体实施，它构成了利用 CAD/CAM 软件进行编程的主要操作内容，直接影响数控程序的生成质量。参数设置的内容较多，不同软件的名称可能有所不同，但基本包括以下几个方面的设置：

1）切削方式设置：用于指定刀轨的类型及相关参数。

2）加工对象设置：选择被加工的几何体或其中的加工分区、毛坯和避让区域等。

3）刀具及机械参数设置：是针对每一个加工工序选择合适的加工刀具，并设置相应的机械参数，包括主轴转速、切削进给和切削液控制等。

4）加工程序参数设置：包括进退刀位置及方式、切削用量、行间距、加工余量、安全高度等。这是 CAM 软件参数设置中最主要的一部分内容。

5. 刀轨计算

在完成参数设置后，即可将设置结果提交 CAD/CAM 系统进行刀轨的计算。这一过程是由 CAD/CAM 软件自动完成的。

6. 检查校验

为确保程序的安全性，必须对生成的刀轨进行检查、校验，检查刀轨有无过切或者加工不到位，同时检查是否会发生与工件及夹具的干涉。

对检查中发现问题的程序，应调整参数设置重新进行计算，再进行检验。

7. 后处理

后处理实际上是一个文本编辑处理过程，其作用是将计算出的刀轨以规定的标准格式转化为机床可以识别的 NC 代码并输出保存。

在上述过程中，编程人员的工作主要集中在工艺分析和规划、参数设置这两个阶段，其中工艺分析和规划决定了刀轨的质量，参数设置则构成了软件操作的主体。

1.2.2　UG NX 编程步骤

在 UG NX 的加工应用中，完成一个数控程序的生成需要经过以下步骤。

1. 创建父组

在创建的父组中设置一些公用的选项，包括程序、方法、刀具与几何体。创建父组后，在创建工序中可以直接选择，工序将继承父组中设置的参数。

2. 创建工序

在创建工序时应指定工序子类型，选择程序、几何体、刀具和方法，并设置工序的名称，如图 1-9 所示。单击"确定"按钮创建工序完成，并打开相应的工序对话框。

3. 设置工序参数

创建工序时，主要的工作是对工序对话框中各个选项进行设置，这些选项的设置将对刀轨产生影响。选择不同的工序子类型，所需设定的工序参数也有所不同；同时也存在很多的共同选项。图 1-10 所示为"型腔铣"的工序对话框。

工序参数的设定是 UG NX CAM 编程中最主要的工作内容，通常可以按工序对话框从上到下分别指定几何体、选择刀具以及设置刀轨、驱动方法和其他选项等操作。

4. 生成刀轨

完成所有的参数设置后，在图 1-10 所示的工序对话框的"操作"选项组中，单击"生成"按钮 ![generate]，由系统计算生成刀轨。

图 1-9　创建工序

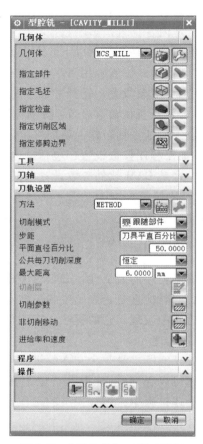

图 1-10　"型腔铣"工序对话框

5. 刀轨检验

生成刀轨后，可以单击"重播"按钮 ![replay] 进行重播，以确认刀轨的正确性；或者单击"确认"按钮 ![confirm]，进行可视化刀轨检验。

如果对生成的刀轨不满意，可以在工序对话框中进行参数的重新设置，再次进行刀轨的生成和检验，直到生成一个合适的刀轨。最后单击"确定"按钮，接受刀轨并关闭工序对话框。

6. 后处理

对生成的刀轨进行后处理，生成符合机床标准格式的数控程序。

编程过程必须按规范操作，进行几何体创建、刀具创建和工序创建；并按规范步骤进行刀轨设置，以避免各种失误，如坐标系与工件实际摆放不统一、安全高度未设置、进退刀未设置、主轴转速与进给率未设置等。按规范操作可以做到工艺规范合理、刀轨设置合理、刀轨检验有条理、一次性做好不重复返工、与设计人员及加工人员沟通无障碍。

【任务实施】

创建心形凹槽加工的型腔铣工序步骤如下。

1-2

◆ 步骤 1 创建刀具

在工具条上单击"创建刀具"按钮，打开"创建刀具"对话框，如图 1-11 所示。选择刀具子类型，单击"确定"按钮，进入"铣刀-5 参数"对话框。

在"铣刀-5 参数"对话框中，设置"直径"为"12"，如图 1-12 所示；其余选项采用默认值，单击"确定"按钮，完成刀具创建。

图 1-11　创建刀具

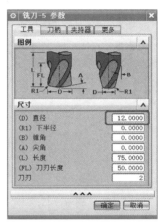

图 1-12　设置刀具参数

◆ 步骤 2 编辑工件几何体

单击屏幕左侧"工序导航器"按钮，显示工序导航器，单击导航器上方的"几何视图"按钮，将工序导航器显示为"工序导航器-几何"视图，单击"MCS_MILL"节点前的"＋"号，显示如图 1-13 所示。双击工件几何体"WORKPIECE"节点，打开图 1-14 所示的"工件"对话框，进行工件几何体的编辑。

图 1-13　"工序导航器-几何"视图

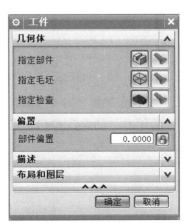

图 1-14　"工件"对话框

在"工件"对话框中，单击"指定部件"按钮⬚，在图形区选择实体为部件几何体，如图 1-15 所示。单击"确定"按钮，完成部件几何体的选择，返回"工件"对话框。

再单击"指定毛坯"按钮⬚，系统弹出"毛坯几何体"对话框，指定类型为"包容块"，如图 1-16 所示，在图形上显示包容块毛坯范围，如图 1-17 所示。单击"确定"按钮，返回"工件"对话框。

再在"工件"对话框中单击"确定"按钮，完成工件几何体的编辑。

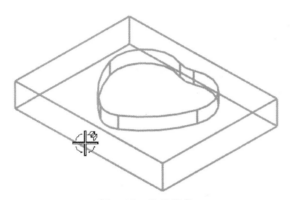

图 1-15　选择部件

图 1-16　"毛坯几何体"对话框

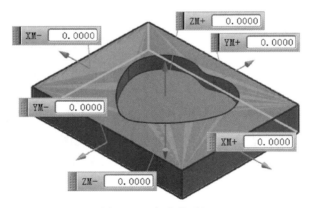

图 1-17　包容块毛坯

◆ 步骤 3　创建型腔铣工序

单击工具条上的"创建工序"按钮⬚，系统打开"创建工序"对话框，如图 1-18 所示。设置"工序子类型"为"型腔铣"⬚，"几何体"为"WORKPIECE"，"刀具"为"D12"，然后单击"确定"按钮，打开"型腔铣"工序对话框，如图 1-19 所示。

◆ 步骤 4　刀轨设置

在"型腔铣"工序对话框中展开"刀轨设置"选项组，进行参数设置，设置"公共每刀切削深度"为"恒定"，最大距离为"3mm"，如图 1-20 所示。

单击"进给率和速度"按钮⬚，弹出图 1-21 所示的对话框。设置"主轴速度（rpm）"为"600"，"切削"为"250mmpm"。再单击鼠标中键，返回"型腔铣"工序对话框。

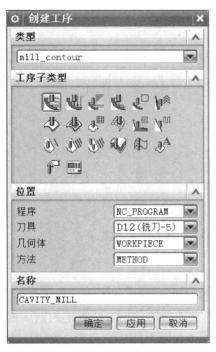

图 1-18 "创建工序"对话框

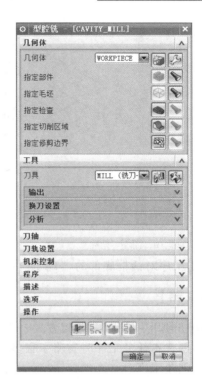

图 1-19 "型腔铣"工序对话框

图 1-20 刀轨设置

图 1-21 设置进给参数

◆ 步骤 5 生成刀轨

确认其他选项参数设置无误。在"型腔铣"工序对话框中单击"生成"按钮 ![生成],计算生成刀轨,如图 1-22 所示。

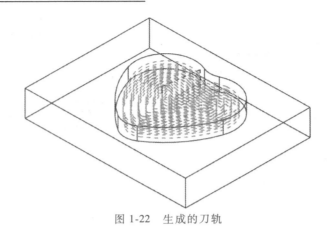

图 1-22　生成的刀轨

◆ 步骤 6　确定工序

单击工序对话框底部的"确定"按钮，接受刀轨并关闭工序对话框。

【精益求精】

本任务使用了最基本的设置方法来完成一个工序创建的最基本步骤，期间需要注意以下几点：

1）创建本任务工序时省略了很多选项的设置，这些选项将使用系统设定的默认值。

2）创建工序时必须选择正确的几何体与刀具位置，否则不能生成刀轨。使用父组创建的几何体或者刀具时，在创建工序时允许对其进行编辑，但编辑将影响使用该几何体或刀具的所有工序。

3）在刀轨设置中，通常必须设置"步距"值与"切削深度"值。另外，通常要在切削参数中设置余量与公差参数，并设置主轴转速与切削进给率。

4）创建工序时需要单击"生成"按钮才能创建刀轨，完成后单击"确定"按钮才能保留参数与刀轨，单击"取消"按钮将不保留任何设置与刀轨。

5）通过学习本任务可以看出，应用 CAM 软件进行数控编程，其难度并不高，而且编程效率要远超手工编程。

【挑战一下】

本任务完成工序创建的步骤是一种比较安全的方法，也可以在进入加工模块后直接创建工序，在"创建工序"对话框中去指定几何体与刀具，再设置并生成刀轨，请尝试以这一方式完成工序的创建。

任务 1-3　工序检验与后处理

【任务目标】

➢ 了解刀轨检验的几种方法。
➢ 了解工序导航器的视图。

➤ 能够正确使用确认工具检验刀轨。

➤ 能够将工序后置处理生成 NC 代码文件。

【任务分析】

对前一任务创建的工序进行检验，确认正确后再输出一个 NC 文件。

【知识链接：刀轨操作】

1.3.1 操作

工序对话框的底部有"操作"选项组，其功能包括生成、重播、确认和列表操作，如图 1-23 所示。

1. 生成

工序参数设置完成后或者经过修改后，可以进行刀轨的生成，单击工序对话框底部"生成"按钮 ，系统将开始计算，计算完成后将在图形区显示刀轨。

生成刀轨后，工序对话框并不会立即关闭，还可以进行参数的修改，修改后需要再次

图 1-23 工序对话框的"操作"选项组

生成。单击"确定"按钮才会关闭工序对话框，此后如果要修改参数，可以使用工序导航器中的编辑功能。

2. 重播

重播用于检查、确认刀轨，单击"重播"按钮，系统将在图形上重播生成的刀轨。可以选择不同的视角进行重播来确认刀轨。

进行刷新或者全屏显示后，刀轨将不再显示在图形区。而采用动态转换视角方式时，刀轨将保持显示。

3. 确认

确认是一种更强大的刀轨检视方式，它将考虑刀具与夹具，并可以用实体仿真切削的方法进行模拟。单击"确认"按钮，系统将打开图 1-24 所示的"刀轨可视化"对话框，在该对话框中可以选择"重播""3D 动态"和"2D 动态"3 种不同的可视化检视方式。

在对话框底部可以调整动画速度，还可以通过底部的按钮进行播放、单步播放等控制。

UG NX 12.0 默认的刀轨可视化选项中，"2D 动态"选项卡并不显示，需要在菜单中单击"文件"→"实用工具"→"用户默认设置"按钮，打开"用户默认设置"对话框，在左侧列表中选择"仿真与可视化"，在右侧的"常规"选项卡中，勾选"显示 2D 动态页面"，单击"确定"按钮，重新打开就可以出现"2D 动态"选项卡。

（1）重播 重播方式验证是沿一条或几条刀轨显示刀具的运动过程。在验证过程中可以对刀具运动进行控制，并在回放过程中显示刀具的运动。另外，可以在刀轨单节（刀位点）列表中直接指定开始重播的刀位点。

（2）2D 动态 2D 动态显示刀具切削过程，2D 动态模式将刀具显示为着色的实体，显

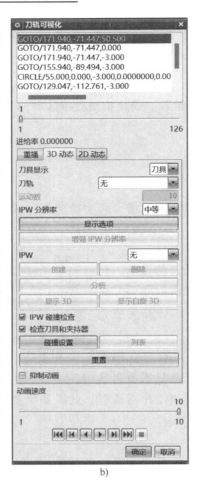

a)   b)   c)

图 1-24 "刀轨可视化"对话框

a)"重播"选项卡 b)"3D 动态"选项卡 c)"2D 动态"选项卡

示刀具沿刀轨切除毛坯材料的过程。以三维实体方式仿真刀具的切削过程，非常直观。图 1-25 所示为 2D 动态示例。

（3）3D 动态 3D 动态模拟刀具对毛坯切削运动的过程，与 2D 动态相似。但 3D 动态可以在模拟时调整视角，可以从任意方位观看切削过程，并且显示毛坯与零件的状态。图 1-26 所示为 3D 动态示例。

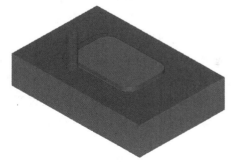

图 1-25 2D 动态显示

图 1-26 3D 动态显示

4. 列表

选择列表方式将以信息框的形式显示刀轨的刀位源文件，文件中将显示每一个步骤的终点坐标及运动方式。

1.3.2 工序导航器

工序导航器是管理当前零件的工序及工序参数的一个树形界面，以图示的方式表示出工序与组之间的关系。单击"工序导航器"按钮 将显示工序导航器，工序导航器在鼠标离开时会自动隐藏，如需固定显示，单击左上角的"资源条选项"按钮 ，再选择"销住"。工序导航器显示的右边界以及每一列的宽度可以通过拖动边缘界线进行调整。

1. 工序导航器视图

工序导航器有 4 种显示形式，分别为程序顺序视图、机床视图、几何体视图和加工方法视图，每个视图都根据其视图主题来组织相同的工序集合。可以用工具栏上的按钮 切换视图，也可以在工序导航器中右击，在快捷菜单中选择视图。

（1）程序顺序视图 将按程序分组显示工序。工序在输出时将按照其在程序中的顺序进行输出，而在其他视图中的工序位置并不表示输出后的加工顺序。

（2）机床视图 显示当前所有刀具，并在创建过工序的刀具下显示对应的工序。

（3）几何体视图 以树形方式显示当前所有创建过的几何体，工序显示在创建时选择的几何体组之下。

（4）加工方法视图 显示根据加工方法（粗加工、精加工、半精加工）分组在一起的工序。

工序导航器中显示工序的相关信息，并以不同的标记表示其工序状态。图 1-27 所示为工序导航器-程序顺序视图。

名称	换刀	刀轨	刀具	刀具号	时间	几何体	方法
NC_PROGRAM					00:01:29		
未用项					00:00:00		
PROGRAM					00:01:17		
FIXED_CONTOUR		✔	TOOLB1D8	1	00:01:05	WORKPIECE	MILL_FINISH
CAVITY_MILL		✘	T1	0	00:00:00	MCS_MILL	METHOD

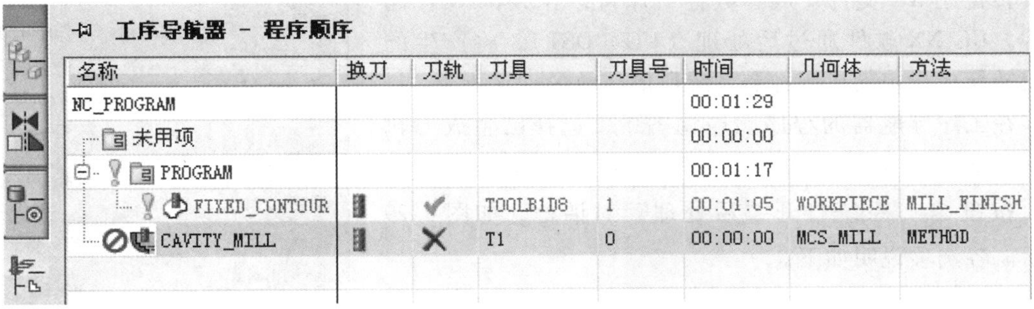

图 1-27 工序导航器-程序顺序视图

在程序顺序视图中，每个工序名称的后面显示对应的刀具、几何体和方法，并显示预计的加工时间。

工序导航器右侧的列可以通过右击，在快捷菜单中选择"列"，再对要显示的项目进行定制。

在工序导航器的所有视图中，每一个工序前都有表示其状态的符号。 表示需要重新生成刀轨， 表示需要重新后处理， 表示刀轨已经生成并输出。

2. 工序操作

在工序导航器中可以进行刀轨的生成、确认、列出和后处理等各种针对刀轨的操作。图1-28 所示为"工序"工具条，该工具条的工具命令只有在选择工序后才亮显。这些工具命令与工序对话框中"操作"选项组中对应的选项相同，但通过工序导航器可以对选择的多个对象进行操作。

对于未生成的刀轨或者更改了参数选项、改变了父节点组的工序，可以在选择工序后单击工具条上的"生成刀轨"按钮 进行运算生成刀轨。在一个刀轨生成完成后，单击"确定"按钮，将进行下一个工序的刀轨生成。对于已生成刀轨的多个工序，可同时选择进行连续的加工模拟。

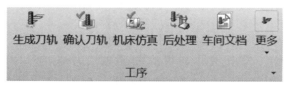

图 1-28 "工序"工具条

在工序导航器选择父级对象，则下级的工序将全部被选中。

1.3.3 后处理

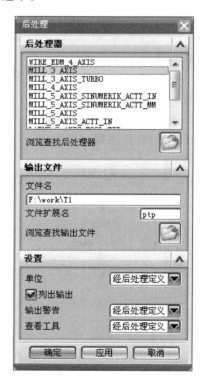

CAM 过程的最终目的是生成一个数控机床可以识别的代码程序。数控机床所有的运动都是执行特定数控指令的结果，完成一个零件的数控加工一般需要连续执行一连串的数控指令，即数控程序。UG NX 生成刀轨时产生的是刀位文件 CLSF 文件（即列表显示的信息），需要将其转化成 NC 文件，成为数控机床可以识别的 G 代码文件。UG NX 软件通过后处理（UG/POST），将产生的刀轨转换成指定的机床控制系统所能接收的加工指令。

在工序导航器的程序顺序视图中，选择已生成刀轨的一个或多个工序，在"工序"工具条中单击"后处理"按钮 ，系统打开"后处理"对话框，如图 1-29所示。各选项说明如下。

（1）后处理器 从中选择一个后处理的机床配置文件。不同厂商生产的数控机床的控制参数不同，必须选择合适的机床配置文件。

（2）输出文件名 指定后处理输出程序的文件名称、路径以及输出文件的后缀。

图 1-29 "后处理"对话框

（3）设置单位 该选项设置输出单位，可选择公制或英制单位。

（4）列出输出 勾选该选项，在完成后处理后，将显示生成的程序文件。

完成各选项设定后，单击"确定"按钮，系统进行后处理运算，以指定的路径和文件名生成程序文件。

在进行后处理前，必须确认所使用的后处理器与所用的机床控制器是相对应的，否则输出的程序可能无法正确地在数控机床上运用。

选择多个工序后处理生成一个数控加工程序时，其顺序是按工序在工序导航器-程序顺序视图中的次序，与选择顺序无关。

【任务实施】

对生成的工序进行检验并后处理输出数控程序的步骤如下。

1-3

◆ 步骤 1　显示工序导航器

单击按钮 🔚 显示工序导航器-程序顺序视图，拖动视图的右边界，可显示加工时间、进给和速度等更多信息，如图 1-30 所示。

名称	换刀	刀轨	刀具	刀具号	时间	几何体	方法	切削深度	步距	进给	速度
NC_PROGRAM					00:10:41						
未用项					00:00:00						
PROGRAM					00:00:00						
CAVITY_MILL		✓	D12	0	00:10:29	WOR...	MET...	.5 mm	80 平直	1250 mm...	3000 rpm

图 1-30　工序导航器-程序顺序视图

◆ 步骤 2　编辑工序

双击工序"CAVITY_MILL"进行工序的编辑，系统将打开"型腔铣"工序对话框，如图 1-31 所示。

◆ 步骤 3　重播刀轨

将视图方向调整为俯视图，在"型腔铣"工序对话框的"操作"选项组中单击"重播"按钮 🔧，在图形区检视刀路，如图 1-32 所示。

◆ 步骤 4　确认刀轨

将视图方向调整为正等测视图，单击"确认"按钮 📊，系统打开"刀轨可视化"对话框，如图 1-33 所示。选择"2D 动态"选项卡，再单击下方的"播放"按钮 ▶，在图形区将进行实体切削仿真。图 1-34 所示为仿真过程，图 1-35 所示为仿真结果。仿真结束后单击"确定"按钮，关闭"刀轨可视化"对话框。

◆ 步骤 5　确定工序

确认刀轨后单击工序对话框底部的"确定"按钮，接受刀轨并关闭工序对话框。

◆ 步骤 6　选择工序

单击按钮 🔚，显示工序导航器-程序顺序视图，选择工序"CAVITY_MILL"。

图 1-31　"型腔铣"工序对话框

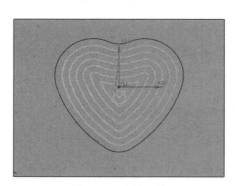

图 1-32　重播刀轨

图 1-33　刀轨可视化

图 1-34　2D 动态仿真切削

图 1-35　2D 动态仿真结果

◆　步骤 7　后处理

在工具条上单击"后处理"按钮 ，系统打开后处理对话框，按图 1-36 所示进行设置，单击"确定"按钮，开始后处理。

完成后处理将生成一个程序文件并显示程序代码，如图 1-37 所示。

图 1-36 "后处理"对话框

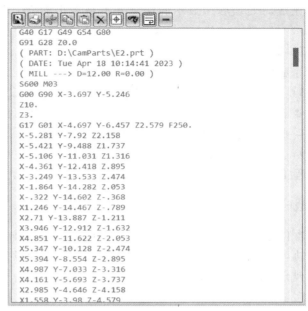

图 1-37 数控程序代码

◆ 步骤 8 检查数控程序

检查信息列表中的数控程序，包括程序头部分是否正确，刀具是否正确，主轴转速、进给率和起始点 Z 坐标是否符合预设值。

检查完成后关闭信息窗口。

◆ 步骤 9 保存文件

单击工具栏顶部的"保存"按钮，保存文件。

【精益求精】

必须对生成的刀轨进行检视，以确定刀轨的正确性。确认正确后，再进行后处理，生成 NC 代码文件。在进行检验与后处理时，需要注意以下事项：

1）要检查刀轨对切削区域的切削是否完整，同时没有过切，并且具有合理的步距与切深。

2）重播方式是最基本的检视刀轨的方法，能够从不同视角查看刀轨的外边界是否在加工区域以外。

3）采用 2D 动态的刀轨可视化检验是一种比较直观的方法，但由于其在仿真过程中以及仿真结束后都不能通过调整视角与缩放来进行检视，因此，在开始动态仿真之前必须确定合适的视角方向。

4）在工序导航器中，可以通过按住<Ctrl>键来选择多个工序，对选择的多个工序可以连续进行重播、确认和后处理等操作。

5）进行后处理时，应选择正确的后处理器；在程序命名时，应命名为一个便于记忆、识别且规范的程序名。

6）后处理生成的 NC 文件是一个文本文件，可以用记事本软件打开并进行局部修改。完成后处理后，显示的信息并不是真正的 NC 代码文件，它只显示了 NC 代码用于查看。

7）数控程序生成后要再次进行检查，检查刀具、主轴转速、进给率、安全高度和起始位置等是否与工艺规划相符合。

8）一个优秀的数控程序，首先要能完整地切削工件，并能满足加工精度要求与表面粗糙度要求，同时也要考虑加工效率、经济性以及加工操作的便利性；在刀轨检验与程序检验时，需要检查是否将每一选项均做到最优化。

9）完成工序的创建或者编辑后，需要及时保存文件，避免因死机、疏忽等各种因素导致编程工作"白做"。

【挑战一下】

本任务中，确认刀轨时采用了"2D 动态"的刀轨可视化方式，也可以采用"3D 动态"的刀轨可视化方式，请尝试以不同方式进行刀轨检视，同时通过不同颜色显示零件表面上不同的残余量。

拓展知识：机床仿真

1-4

在创建工序后，可以通过"确认刀轨"进行 2D 动态或 3D 动态的刀轨可视化验证。UG NX 还提供了机床仿真功能，可以真实模拟实际机床的运动过程以及材料切除过程。通过机床模拟，可以检查数控程序是否正确以及是否会发生干涉等情形。具体应用请扫描二维码学习。

练习与评价

【回顾总结】

本项目完成了一个心形凹槽的数控编程，通过 3 个任务介绍了 UG NX 软件加工模块应用的基础知识，图 1-38 所示为本项目的思维导图，图中左侧为知识点与技能点，右侧为项目实施的任务及关键点。

【自测项目】

完成图 1-39 所示的凸模（文件名"E1. prt"）的数控加工程序创建。具体工作如下：

1）启动 UG NX 并打开模型文件。

2）进入加工模块。

3）创建工序。

4）检验生成的刀轨。

5）后处理生成数控程序。

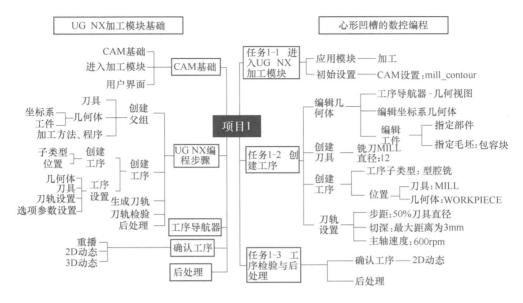

图 1-38 项目 1 思维导图

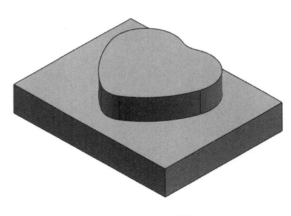

图 1-39 自测题

【思考练习】

1. CAM 的含义是什么？

2. UG NX 加工模块包括哪些功能模块？

3. 进入 UG NX 加工模块时，铣削加工可以选择的"要创建的 CAM 设置"有哪几种？

4. 工序导航器分为哪几个视图？各有何应用？

5. 创建一个数控加工程序，在 UG NX 中有哪几个操作步骤？

6. 检验刀轨有哪几种方式？

【学习评价】

序号	评价内容	达成情况		
		优秀	合格	不合格
1	扫描二维码完成基础知识测验题,测验成绩			
2	能正确选择要创建的 CAM 设置进入加工模块			
3	能正确创建简单的刀具			
4	能通过不同视图查看工序导航器			
5	能编辑几何体,并指定部件与毛坯			
6	能合理设置参数,完成型腔铣工序的创建			
7	能进行工序的 2D 动态确认			
8	能选择正确的后处理器进行后处理			
9	能完成各任务的"挑战一下"			
综合评价				

存在的主要问题：_____

_____

_____

项目 2

十字联轴器的数控编程

【项目概述】

本项目要求完成一个十字联轴器（图 2-1）的数控加工编程，这一零件的上下两面均需要加工，零件材料为 45 钢，毛坯形状为圆柱体，零件文件为"T2. prt"。零件加工时在机床上设置两个工位，在第一工位完成凹面加工，在第二工位完成凸面加工。

要求应用 UG NX 来创建这个零件的数控加工程序，在创建工序之前，要先创建刀具、几何体等父组，创建工序之后应用程序进行工序的分组。通过本项目的学习，学生应掌握 UG NX 加工模块中的父组的创建与应用方法。

图 2-1　十字联轴器

【项目目标】

➤ 了解父组的作用。
➤ 掌握几何体的几种类型。
➤ 了解刀具类型与主要参数的含义。
➤ 掌握毛坯几何体的创建方法。
➤ 能正确设置刀具参数。
➤ 能正确创建坐标系几何体与工件几何体。
➤ 能正确选择位置参数并创建工序。
➤ 能正确应用程序将工序进行分组。
➤ 能应用工序导航器进行工序的复制。

任务 2-1　创建刀具

【任务目标】

➤ 了解 UG NX 中刀具的类型。
➤ 理解刀具各尺寸参数的含义。

➢ 能够正确设置参数以创建刀具。

➢ 能够为特定的刀具创建夹持器。

【任务分析】

为了进行工序的创建，必须指定加工所用的刀具。可以在创建工序之前先将所要用到的刀具创建好。在创建刀具时，必须选择正确的子类型并指定正确的参数。

【知识链接：创建刀具】

2.1.1　创建刀具

刀具是数控加工中必不可少的选项，刀具的创建可以通过模板创建或者通过从库调用刀具来创建。

在工具栏上单击按钮 ，打开"创建刀具"对话框，如图 2-2 所示。在创建刀具时，首先要求选择刀具的类型与刀具子类型，指定刀具名称后，单击"确定"按钮，打开刀具参数对话框，输入相应的参数后即完成刀具的创建。

1. 类型

选择类型即选择模板，将决定可以创建的刀具子类型。

所有创建功能中的类型默认是一致的，改变后的类型将成为下一个创建操作的默认类型。

2. 库：从库中调用刀具

从刀具库中调用已创建好的刀具。对于标准刀具，可以从库中调用，也可以将常用的刀具保存到库中，再从库中调用。

3. 刀具子类型

在铣削加工模板中可以创建的铣刀有 6 种，包括标准铣刀、倒角刀、球头铣刀、球面铣刀、T 形铣刀和桶状铣刀。在创建刀具时，还可以创建刀架、刀槽和转向刀头等夹持器。

球头铣刀是一种简化的面铣刀，它的下半径（$R1$）等于刀具直径（D）的一半。

球面铣刀、桶状铣刀和 T 形铣刀由于标准化程序低，应用范围受限，因而很少用到。

4. 位置

指定父节点组，通常刀具的父节点组为机床，也可以选择刀头或者刀槽。

5. 名称

为新建的刀具命名。

创建刀具时，应以直观的、能反应刀具特征的名称进行命名。

2.1.2　铣刀参数

刀具参数设置用于指定刀具尺寸以及相关的管理信息。

创建刀具时，将显示刀具参数对话框，选择不同类型的刀具，其选项略有差别。"5 参数"铣刀是数控铣削加工中绝大部分情况下所采用的刀具。图 2-3 所示为"铣刀-5 参数"对话框。

1. 尺寸

指定刀具形状相关的尺寸值，通过指定尺寸可以确定刀具的类型和大小。尺寸相关选项如下：

1）（D）直径：设定铣刀的直径。

2）（R1）下半径：指定刀具的下拐角圆弧的半径。

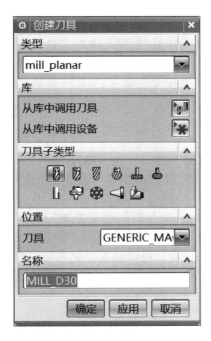

图 2-2 "创建刀具"对话框

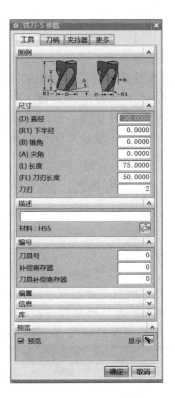

图 2-3 铣削刀具参数

5 参数刀具的底圆角半径可以是"0"，表示平刀；底圆角半径为刀具直径的一半，就是球刀；底圆角半径介于两者之间是圆角刀，俗称牛鼻刀。

3）（B）锥角：定义锥形刀具侧面的角度。该角度是从刀轴测量的。如果"锥角"为正，那么刀具的顶端宽于底端。

4）（A）尖角：刀具顶端的角度。如果"尖角"大于 0，那么刀具将是锥顶的。

5）（L）长度：表示要创建的铣刀的实际高度。

6）（FL）刀刃长度：是切削刃从开始到结束的测量距离。

7）刀刃：指定切削刀具的刀刃数，刀刃数将影响切削进给率的计算。

在刀具参数中，刀刃直径、下半径是最重要的参数，也是数控铣加工中最常用的参数。尖角、锥角也将影响刀轨生成。而其他形状参数中的几何参数并不影响刀路的生成，但可以用于表示刀具的实际形状，并可以判断是否会产生干涉。

创建刀具时，默认在工作坐标系（WCS）的原点以图形方式显示创建中的刀具，拾取一个点将在该点上预览刀具，通过预览可以确定刀具的大小、形状设置是否正确。

2. 描述

指定刀具管理信息，可以输入刀具的描述文本，系统将此描述与数据库中的刀具一同保存，以备用户后续调用时正确了解刀具信息。

材料：为刀具选择一种材料。

3. 编号

用于指定刀具补偿的相关信息，指定刀具号以及刀具补偿号。

1）刀具号：表示加载刀具的序号，对应于 T 指令。

2）补偿寄存器：指定刀具长度补偿的编号，对应于 H 指令。

3）刀具补偿寄存器：指定刀具半径补偿的编号，对应于 D 指令。

在使用加工中心并有多把刀具参与加工时，一定要设置刀具号和长度补偿号，并且要与实际使用的刀具号一致。自动编程生成的刀轨已经考虑了刀具半径，因此通常不使用刀具半径补偿。如果要使用刀具半径补偿，创建工序时需要在非切削移参数中设置刀具补偿位置。

2.1.3 刀柄与夹持器

刀柄与夹持器可以按刀具及夹头的实际形状和尺寸进行定义。在创建刀具时，除了指定刀具的尺寸参数外，还可以在顶部选项卡中选择"刀柄"和"夹持器"进行更多设置。

1. 刀柄

在"工具"选项卡中创建的刀具是直柄的，即刀柄直径与刀具直径是相同的；而事实上，某些刀具特别是直径很小的刀具，为了增加刚性，往往是采用较大的刀柄直径。

图 2-4 所示为刀柄参数设置。勾选"定义刀柄"选项后，可以设置刀柄直径（SD）、刀柄长度（SL）和锥柄长度（STL），图 2-5 所示为定义刀柄的刀具预览。

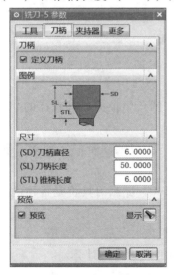

图 2-4　定义刀柄

图 2-5　刀具预览

刀柄直径可以大于刀具直径，也可以小于刀具直径。

2. 夹持器

这里定义了一系列的柱状或锥状截面，并按规格大小进行堆叠，以便创建刀具夹持器更为准确的表现形式。可以按直径、长度、锥角和拐角半径定义各个截面。使用夹持器可以确保刀轨不会发生干涉。

在刀具参数对话框中选择"夹持器"选项卡，如图 2-6 所示，设置夹持器参数。夹持器可以通过下直径、上直径、长度与锥角来定义为圆柱或圆锥体。并且可以定义多段夹持器，从刀具或者刀柄开始，逐级向上增加多段夹持器。图 2-7 所示为定义了 3 段夹持器的刀具预览。

图 2-6 "夹持器"选项卡

图 2-7 刀具预览

刀柄与夹持器的正确定义可以用于判断复杂或者深腔零件生成刀轨时是否能安全加工，另外也可以在刀轨确认及机床仿真中有更逼真的效果。对于简单的零件编程，刀柄和夹持器并不影响刀轨。

【任务实施】

2-1

首先要进入加工模块并创建刀具。

◆ 步骤 1 打开模型文件

启动 UG NX 软件，打开文件名为"T2. prt"的模型文件，显示的十字联轴器模型如图 2-8 所示。

◆ 步骤 2 检视模型

从不同角度检视模型，确认模型文件中包含正反放置的两个工件，确认两个工件的方位，并且工件无明显缺陷。

◆ 步骤 3 进入加工模块

在工具条顶部单击"应用模块"按钮，再在工具条上单击"加工"按钮，进入加工模块。

◆ 步骤 4 加工环境初始化

在"加工环境"对话框中设置"要创建的 CAM 设置"为"mill_contour"，如图 2-9 所

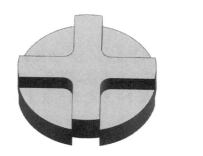

图 2-8　十字联轴器模型

示。单击"确定"按钮，进行加工环境的初始化设置。

◆ 步骤 5　创建刀具 1

在工具条上单击"创建刀具"按钮，打开"创建刀具"对话框，如图 2-10 所示。选择刀具子类型为铣刀，单击"应用"按钮，进入铣刀参数设置对话框。

图 2-9　加工环境初始化设置

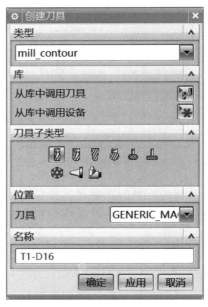

图 2-10　"创建刀具"对话框

◆ 步骤 6　指定刀具 1 参数

系统默认新建铣刀为 5 参数铣刀，显示"铣刀-5 参数"对话框，如图 2-11 所示。设置刀具直径为"16"，下半径为"0.8"，刀具号、补偿寄存器、刀具补偿寄存器均为"1"，单击"确定"按钮，创建铣刀"T1-D16"。

◆ 步骤 7　创建刀具 2

返回"创建刀具"对话框，选择刀具子类型为铣刀，输入名称"T2-D12"，单击"确定"按钮，打开铣刀参数对话框。

◆ 步骤 8　指定刀具 2 参数

新建铣刀为 5 参数铣刀，设置刀具直径为"12"，下半径为"0"，刀具号为"2"，单击

"确定"按钮,创建铣刀"T2-D12"。

◆ 步骤 9 显示工序导航器-机床视图

单击屏幕左侧的"工序导航器"按钮 ,显示工序导航器,单击工具条上的按钮 ,切换到"机床视图",如图 2-12 所示。

图 2-11 设置刀具参数

图 2-12 工序导航器-机床视图

【精益求精】

刀具是数控编程中的必备要素,在完成本任务的刀具创建时,应当注意以下几点:

1)创建刀具时,使用的刀具名称应该直观,并且遵照一定的规范。

2)单击"应用"按钮,可以在创建刀具完成时返回当前的"创建刀具"对话框;而单击"确定"按钮,在创建刀具完成后将回到主界面。

3)创建铣刀时,直径与下半径必须指定,对于要在加工中心上应用的,还必须指定刀具号与补偿寄存器。

4)对于有可能产生干涉的加工,在刀具创建时必须要按刀具的实际尺寸进行指定,并且创建对应的刀柄与夹持器。

5)可以将所有工序中要用到的刀具先创建好,后续在创建工序时直接选用即可。

【挑战一下】

本任务中,创建刀具时并没有考虑实际的装夹情形,请按实际应用中的刀具创建夹持器。

任务 2-2 创建几何体

【任务目标】

➤ 了解几何体的类型。

> 掌握部件几何体的选择方法。
> 能够创建坐标系几何体。
> 能够创建工件几何体。
> 能够使用不同的毛坯几何体指定方法创建毛坯。

【任务分析】

十字联轴器的两面需要分别进行加工，实际是按两个零件进行编程的，因而要分别创建凹面加工与凸面加工的坐标系几何体和工件几何体。

两个零件的坐标系方位要一致，加工坐标系的原点要设在零件的顶面中心。两个零件的部件与毛坯要分别指定，初始毛坯是圆柱体。

【知识链接：创建几何体】

创建几何体主要是在零件上定义要加工的几何体对象和指定零件在机床上的加工方位。创建几何体包括定义加工坐标系、工件、边界和切削区域等。在"插入"工具条中单击"创建几何体"按钮 ，弹出图 2-13 所示的"创建几何体"对话框。选择几何体子类型，指定名称后，单击"确定"按钮，打开具体几何体创建对话框。

图 2-13　创建几何体

1. 几何体子类型

在轮廓铣加工模板"mill_contour"中可以创建的几何体类型有 6 种，包括机床坐标系 MCS、工件几何体、切削区域几何体、修剪边界几何体、文本几何体和铣削几何体。

可以根据需要创建几何体，并且可以同时创建多个相同类型的几何体，其中以坐标系几何体和工件几何体最为常用。

2. 位置

指定父节点组，当前组将继承父节点组的参数。

创建工件几何体时，需要引用机床坐标系设置，应该选择正确的位置几何体，这是非常重要的。

3. 名称

为新建的几何体指定名称。

在"创建几何体"对话框中建立的几何体对象可指定为相关工序的加工对象。在各加工类型的工序对话框中也可以指定工序的加工对象。在工序对话框中指定的加工对象只能为本工序使用，而在"创建几何体"对话框中创建的几何体对象可以在多个工序中的使用，不需要在各工序中分别指定。

大多数类型模板下都默认创建有坐标系几何体 MCS 和工件几何体，可以通过修改系统默认创建的几何体来确定所需的几何体。

2.2.1　坐标系几何体

加工坐标系是所有后续刀轨中各坐标点的基准位置。在刀轨中，所有坐标点的坐标值与加工坐标系关联，如果移动加工坐标，则重新确立了后续刀轨输出坐标点的基准位置。

加工坐标系的坐标轴用 XM、YM、ZM 表示。其中 ZM 特别重要，如果不另外指定刀轴矢量方向，则 +ZM 轴为默认的刀轴矢量方向。

建立加工坐标系时，先在"创建几何体"对话框中选择子类型为"坐标系" ，并输入名称，单击"确定"按钮后将弹出图 2-14 所示的"MCS"对话框。

1. 机床坐标系

指定 MCS 坐标系，该坐标系将作为机床坐标系。

可以使用各种用户坐标系（WCS）的创建方法来创建 MCS 坐标系，也可以单击按钮 ，通过弹出的"CSYS"对话框来创建坐标系，可以使用动态或者选择几何体对象的方法来指定坐标系，如图 2-15 所示。

机床坐标系应该与实际加工中工件在机床上的放置方向一致，为方便对刀，通常将零件的坐标原点设置在顶面的中点。

图 2-14　创建机床坐标系

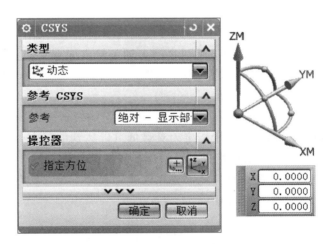

图 2-15　创建 MCS 坐标系

2. 参考坐标系

将工序从部件的一个部分移动到另一个部分时，使用参考坐标系（RCS）来重新定位非建模几何参数（即刀轴矢量、安全平面等）。

在"MCS"对话框中打开"链接 MCS 与 RCS"选项时，参考坐标系与加工坐标系的位置和方向相同；否则，可以指定一个坐标系作为参考坐标系。

3. 安全设置

"安全设置选项"用于指定安全平面位置，即指定刀具在进入切削前或者切削完成回退的高度，在创建工序中的非切削移动中可以选择使用"安全设置选项"。

"安全设置选项"如图 2-16 所示，在 3 轴编程中通常使用以下几种：

1）使用继承的：将使用上级组参数的设置。

2）无：将不使用安全设置。

3）自动平面：直接指定安全距离值，此时需要在下方输入安全距离值。

4）平面：指定一个平面为安全平面。选择"平面"选项后，选择一个表面或者直接选择基准面作为参考平面。完成设置后单击"确定"按钮，完成安全平面的指定，此时在图形上将以虚线形式显示安全平面位置，如图 2-17 所示。

图 2-16　安全设置选项

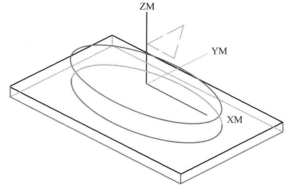

图 2-17　显示安全平面

"安全设置选项"设置为"使用继承的"时，要有上级的坐标系几何体，并进行了安全设置；设置为"自动平面"将沿刀轴矢量方向偏移指定距离，是一种相对坐标的方式，其高度位置是相对于刀轨的端点位置；使用"平面"方式指定的安全设置选项是一个绝对值，每次抬刀均到这一高度。

4. 下限平面

下限平面选项用于指定刀具最低可以达到的范围，设置为"无"，表示不设定下限；设置为"平面"，表示指定一平面为下限位置。

下限平面的处理方式需要在创建工序时，在"切削参数"对话框的"空间范围"选项卡中的下限平面选项中确定。

5. 避让

避让用于定义刀轨开始以前和切削以后的非切削运动的位置。

避让包括以下 4 个类型的点，可以用点构造器来定义点：

1）出发点：用于定义新的刀轨开始段的初始刀具位置。

2）起点：定义刀轨起始位置，这个起始位置可以用于避让夹具或避免产生干涉。

3）返回点：定义刀具在切削程序终止时，刀具从零件上移到的位置。

4）回零点：定义最终刀具位置。往往设为与出发点位置重合。

在大型零件加工中，刀具必须在指定的范围内运动，才不会发生刀具及其夹持器与零件及夹具的干涉，并且不会超出机床的行程范围，此时可以通过指定出发点、起点、返回点以及回零点来指定切削前和切削后的运动轨迹。

2.2.2　工件几何体

在平面铣和型腔铣中，工件几何体用于定义加工时的部件几何体、毛坯几何体和检查几何体。在"创建几何体"对话框中，铣削几何体（Mill GEOM）和工件（WORKPIECE）的功能相同，两者都通过在模型上选择体、面、曲线定义部件几何体、毛坯几何体和检查几何体，还可以定义部件偏置厚度。

在"创建几何体"对话框中单击"工件"按钮，再单击"确定"按钮，弹出图 2-18 所示"工件"对话框。"工件"对话框最上方 3 个命令按钮，分别用于指定部件几何体、毛坯几何体和检查几何体。

1. 指定部件

部件定义的是加工完成后的零件，即最终的零件。它控制刀具的切削深度和活动范围，可以选择实体、面、曲线和片体等来定义部件几何体。

单击"指定部件"按钮，可以选择或编辑部件几何体，弹出图 2-19 所示的"部件几何体"对话框。通过指定选择对象的过滤方式，在绘图区中指定部件。

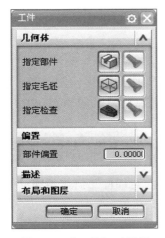

图 2-18 "工件"对话框

图 2-19 "部件几何体"对话框

指定部件时，使用"添加新集"功能，可以选择多组对象，后一组对象可以设置与前一组对象不同的偏置值，列表中分组显示已经选择的部件几何体。

单击"工件"对话框中"指定部件"后方的"显示"按钮，已定义的几何体对象将以高亮度显示。

创建工件几何体时，部件通常都需要选择，默认的过滤方法为选择"实体"，当存在非实体模型时，需要改变过滤方法。大部分情况下，选择所有体或面为加工对象是一种最安全的方法。

2. 指定毛坯

毛坯是将要进行加工的原材料。在型腔铣中，部件几何体和毛坯几何体共同决定了加工刀轨的范围。单击"指定毛坯"按钮，可以选择或编辑毛坯几何体，毛坯几何体的设置除了可以选择几何体以外，还可以采用"包容块"或"部件的偏置"等多种方式。

对于标准的方块毛坯，通常使用"包容块"方式定义毛坯；对于铸件或锻件等毛坯，因其周边余量比较均匀，可以通过"部件的偏置"来创建毛坯几何体；如果是有特定形状的毛坯，可以选择创建的对象确定与实际相符的毛坯形状。

3. 指定检查

检查几何体是刀具在切削过程中要避让的几何体，如夹具和其他已加工过的重要表面。

单击"指定检查"按钮，可以选择或编辑检查几何体，检查几何体可以选择体、面或曲线。

夹具体可以指定为检查几何体。另外，可以将不希望加工的曲面指定为检查几何体。

4．部件偏置

在部件实体模型上增加或减去由偏置量指定的厚度。正的偏置值在部件上增加指定的厚度，负的偏置值在部件上减去指定的厚度。

设置部件偏置值可以对部件的大小进行微调。

5．描述

可以为零件指定材料属性。材料属性是确定切削速度和进给量大小的一个重要参数。当零件材料和刀具材料确定以后，切削参数也就基本确定了。在"进给率和速度"对话框中选择"从表格中重置"选项，以这些参数推荐合适的切削速度和进给量数值。

2.2.3 毛坯几何体

毛坯几何体将确定型腔铣的加工范围，特别是凸模类零件，如果不指定毛坯将不能生成型腔铣的刀轨。另外，在"2D 动态"或"3D 动态"的可视化刀轨的动态仿真中，毛坯也是必须存在的。

"2D 动态"或"3D 动态"可视化刀轨仿真时，如果没有毛坯，将提示创建一个临时毛坯。

可以通过选择几何体的方式进行毛坯的定义，选择方法与部件几何体相同。另外，还可以用其他方式来创建毛坯几何体，如图 2-20 所示。

1．部件的偏置

使用"部件的偏置"方式创建毛坯，将部件几何体的表面偏置指定的值以产生一个毛坯。

直接指定偏置值，如图 2-21 所示，即确定了毛坯。

图 2-20 "毛坯几何体"对话框

图 2-21 部件的偏置

对于铸件毛坯或者直接创建固定轮廓铣工序的毛坯，应用"部件的偏置"方式可以生成合适的毛坯。

2．包容块

使用"包容块"方式创建毛坯，将以一个包容盒包容所有部件几何体，并可以在各个方向进行扩展。系统以部件几何体的边界创建一个包容盒，如图 2-22 所示，可以在文本框中指定各个方向的扩展值或者直接拖动图形上的箭头来调整大小。

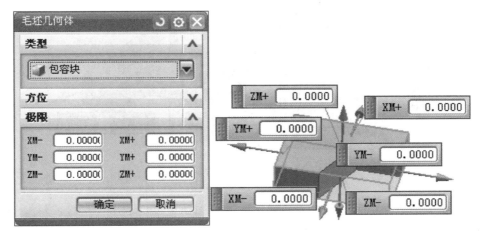

图 2-22　包容块

对于大部分模具零件而言，其毛坯是标准的立方块，可以采用"包容块"的方式指定毛坯。如果需要对顶面进行加工，可以将"ZM+"设置大于 0 的数。

3. 包容圆柱体

以一个圆柱体包容所有部件几何体，并可以在各个方式进行扩展。

图 2-23 所示为创建圆柱体的毛坯，可以指定轴向，也可以调整 Z 向的极限值与半径方向的偏置值。

对于圆柱形毛坯而言，采用"包容圆柱体"创建的毛坯符合实际形状。

4. 部件轮廓

以部件轮廓进行水平方向的偏置，再指定 Z 向的极限值来创建毛坯。图 2-24 所示为采用"部件轮廓"方式创建的毛坯，可以指定偏置值的大小与 Z 向的极限值。

5. 部件凸包

"部件凸包"与"部件轮廓"功能相似，但"部件凸包"是将轮廓内凹的局部进行简化，如图 2-25 所示。

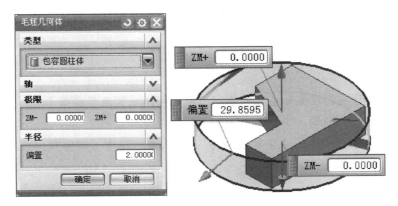

图 2-23　包容圆柱体

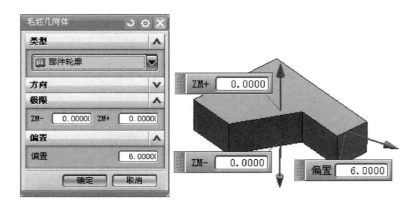

图 2-24　部件轮廓

对于水平方向边界不规则、而 Z 向确定的零件毛坯，可以采用"部件轮廓"或者"部件凸包"简化轮廓的方式来创建毛坯。

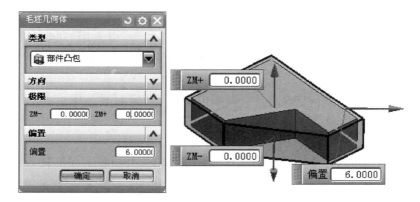

图 2-25　部件凸包

6. IPW-过程工件

IPW-过程工件以一个加工的过程毛坯 IPW 文件作为毛坯。选择类型为"IPW-过程工件"，需要选择 IPW 源，该源文件将包括部件文件与几何体信息。

对于进行了粗加工的零件，可以使用这一方式来生成毛坯。在实际应用中，可以在仿真加工后将 IPW 毛坯进行保存作为后续加工的毛坯。

【任务实施】

为凸面与凹面分别创建坐标系几何体和工件几何体，实施步骤如下。

2-2

◆ 步骤 1　创建凸面加工坐标系几何体

单击"插入"工具栏中的"创建几何体"按钮，打开"创建几何体"对话框，如图 2-26 所示。选择几何体子类型为"MCS" ，输入名称为"MCS-G54"，单击"确定"按钮，进行坐标系几何体的创建。

◆ 步骤 2　指定安全距离

系统将打开"MCS"对话框，如图 2-27 所示。设置"安全设置选项"为"自动平面"，"安全距离"为"30"。

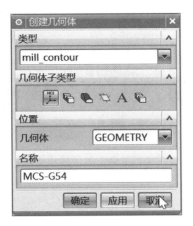

图 2-26 "创建几何体"对话框

图 2-27 "MCS"对话框

◆ 步骤 3 指定坐标系

在"指定 MCS"后，选择坐标系指定的方式为"自动判断"，拾取零件上凸出面顶面，如图 2-28 所示，则在零件顶面中心建立一个坐标系。

单击"确定"按钮，完成坐标系几何体的创建。

◆ 步骤 4 创建凸面工件几何体

单击"插入"工具栏中的"创建几何体"按钮，打开"创建几何体"对话框，如图 2-29 所示。选择几何体子类型为"工件"，位置几何体为"MCS-G54"，输入名称为"CONVEX"，单击"确定"按钮，进行工件几何体的创建。

◆ 步骤 5 指定部件

系统将打开"工件"对话框，如图 2-30 所示。在对话框中单击"指定部件"按钮，在绘图区选择实体，实体将改变显示颜色，表示已经选中为部件几何体，如图 2-31 所示。单击"确定"按钮，完成指定部件并返回"工件"对话框。

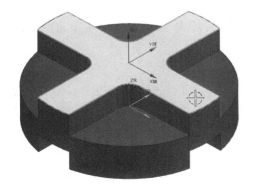

图 2-28 创建坐标系

图 2-29 "创建几何体"对话框

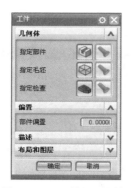

图 2-30 "工件"对话框

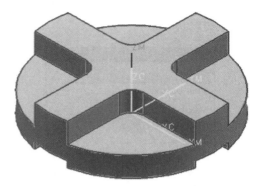

图 2-31 选中的部件几何体

◆ 步骤 6 指定毛坯

在"工件"对话框中单击"指定毛坯"按钮⊗，弹出"毛坯几何体"对话框，选择类型为"包容圆柱体"，在图形区中可预览毛坯，如图 2-32 所示。单击"确定"按钮，完成指定毛坯并返回"工件"对话框。

单击"工件"对话框中的"确定"按钮，完成工件几何体"CONVEX"的创建。

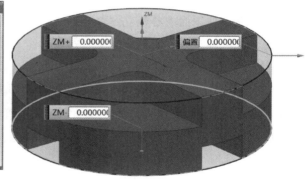

图 2-32 预览毛坯几何体

◆ 步骤 7 创建凹面加工坐标系几何体

单击"插入"工具栏中的"创建几何体"按钮，打开"创建几何体"对话框，如图 2-33 所示。选择几何体子类型为"MCS" ，位置几何体为"GEOMETRY"，输入名称为"MCS-G55"，单击"确定"按钮，进行坐标系几何体的创建。

◆ 步骤 8 选择坐标系原点

系统将打开"MCS"对话框并在图形区显示坐标系，可以进行动态变换，默认原点为（0，0，0）位置，在图形区拾取凹面的边缘线，选择圆心为坐标系原点，如图 2-34 所示。坐标系将移动到凹面中心，如图 2-35 所示。

◆ 步骤 9 指定装夹偏置

在"MCS"对话框中展开"细节"选项组，设置装夹偏置为"2"，如图 2-36 所示。

◆ 步骤 10 安全设置

设置安全设置选项为"平面"，在图形区拾取零件顶面，并输入偏置安全距离为"30"，如图 2-37 所示。单击"确定"按钮，完成坐标系几何体的创建。

图 2-33 "创建几何体"对话框

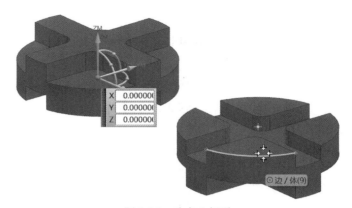

图 2-34 动态坐标系

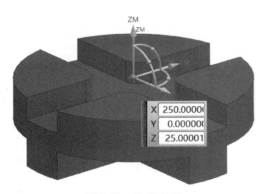

图 2-35 指定 MCS

图 2-36 "MCS"对话框

◆ 步骤 11 创建凹面工件几何体

单击"插入"工具栏中的"创建几何体"按钮 ，打开"创建几何体"对话框，如图
2-38 所示。选择几何体子类型为"工件" ，位置几何体为"MCS-G55"，输入名称为
"CONCAVE"，单击"确定"按钮，进行工件几何体的创建。

图 2-37 指定平面

图 2-38 "创建几何体"对话框

◆ 步骤 12　指定部件

系统将打开"工件"对话框，在对话框中单击"指定部件"按钮🗊，在绘图区选择凹面朝上的实体，实体将改变显示颜色，表示已经选中为部件几何体，如图 2-39 所示。单击"确定"按钮，完成指定部件并返回"工件"对话框。

◆ 步骤 13　指定毛坯

在"工件"对话框中单击"指定毛坯"按钮⬡，弹出"毛坯几何体"对话框，选择类型为"部件轮廓"，在图形区可预览毛坯，如图 2-40 所示。单击"确定"按钮，完成指定毛坯并返回"工件"对话框。

再单击"工件"对话框中的"确定"按钮，完成工件几何体"CONCAVE"的创建。

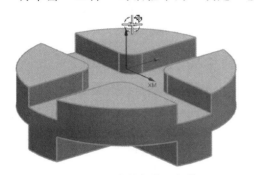

图 2-39　选中的部件几何体

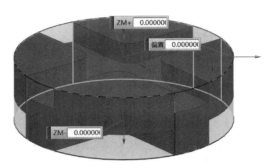

图 2-40　预览毛坯几何体

◆ 步骤 14　检视创建的几何体

单击屏幕左侧的"工序导航器"按钮⊩显示工序导航器，在工序导航器中右击，在弹出的快捷菜单中选择"几何视图"，如图 2-41 所示。再次右击，在快捷菜单中选择"全部展开"，显示工序导航器-几何视图，如图 2-42 所示。

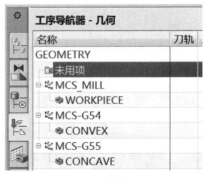

图 2-41　切换视图　　　　　　　　图 2-42　工序导航器-几何视图

【精益求精】

几何体决定了工件的编程坐标系以及加工的部件与毛坯状态，在完成本任务中的几何体创建时，应当注意以下几点：

1）创建坐标系几何体时，一定要与工件最终放置在机床上的方位一致，并且方便对刀。

2）创建几何体时，必须选择正确的"位置"，指定继承的父本组参数，创建完成后，可以在工序导航器进行检查。

3）坐标系原点放置在零件顶面中心是最常用的一种设置方法。本任务中使用"动态"或"自动判断"方式来指定坐标系，都可以将坐标系设置到工件顶面中心。

4）本任务中两个零件加工使用两个坐标系，便于零件在机床上安装有偏差时进行快速调整。在坐标系中的装夹偏置指定输出的坐标系指令中，输入"1"表示 G54，"2"表示 G55。

5）毛坯几何体不是必需的，但对于凸出的零件，如果没有毛坯将不能创建型腔铣工序。另外，毛坯几何体在动态确认刀轨时也是必须存在的。

6）本任务中使用"包容圆柱体"或"部件轮廓"方式指定毛坯，都是圆柱体的毛坯，在第二工位上的毛坯与实际不符，但不会影响工序的创建。

【挑战一下】

本任务采用两个零件进行编程，请尝试采用单个零件进行编程。如果使用单个零件，需要先创建一个工件几何体，然后在工件几何体下创建两个坐标系几何体，分别对应于凸面与凹面加工。

任务 2-3　创建凹面加工的型腔铣工序

【任务目标】

➢ 了解创建工序的过程。
➢ 能够正确选择位置组选项创建工序。
➢ 能够创建凹面加工的型腔铣工序。

【任务分析】

本任务要创建凹面加工的型腔铣工序，在创建工序时需要正确选择前面创建的几何体与刀具。

【知识链接：创建工序】

创建工序是 UG NX 编程中的核心操作内容。

单击"插入"工具条上的"创建工序"按钮 ，打开"创建工序"对话框，如图 2-43 所示。选择类型和工序子类型，选择程序、几何体、刀具和方法位置组，并指定工序的名称，确认各选项后单击"确定"按钮，打开工序对话框。

选择正确的工序子类型，并指定正确的位置组是创建工序的前提条件。

创建工序时，主要的工作是对工序对话框中的各个选项进行设置，选择不同的工序子类型，所需设定的工序参数也有所不同，同时也存在很多的共同选项。图 2-44 所示为"型腔铣"的工序对话框。

图 2-43 "创建工序"对话框

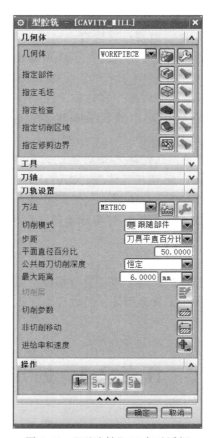

图 2-44 "型腔铣"工序对话框

工序对话框中的选项是可以定制的，选项组是可以折叠的，单击选项组将折叠或者展开选项组。单击对话框右上角的"设置"按钮，可以"隐藏折叠的组"或者"显示折叠的组"，为节省篇幅，本书中部分对话框的图片将隐藏部分选项组。

工序参数的设定是 UG NX 软件编程中最主要的工作内容，通常可以按工序对话框从上到下的顺序进行设置。

（1）指定几何体　包括选择几何体组，指定部件几何体、毛坯几何体、检查几何体、切削区域几何体和修剪边界几何体。

（2）选择刀具　通过选择或者新建指定加工工序所用的刀具。

（3）刀轨设置　在工序对话框中可以直接进行常用参数的设置，包括切削模式的选择，切削步距与切深的设置等。另外，还有其他选项设置，包括切削层、切削参数、非切削移动、进给率和速度，这些选项将在一个新打开的对话框中进行设置。

（4）驱动方法参数设置　如果创建固定轮廓铣工序，选择驱动方法后，再选择驱动几何体并设置驱动参数。

（5）其他选项设置　如刀轴、机床控制等选项，在创建 3 轴的数控加工程序时，这些选项通常可以使用默认设置。

完成所有的参数设置后，在工序对话框的底部单击"生成"按钮 ，计算生成刀轨。生成刀轨后，可以单击"重播"按钮 进行重播，或者单击"确认"按钮 进行可视化刀轨检验。如果对生成的刀轨不满意，可以在工序对话框中修改参数，再次生成刀轨并进行检视，直到生成一个合适的刀路轨迹。最后单击"确定"按钮，接受工序并关闭工序对话框。

【任务实施】

创建凹面加工的型腔铣工序步骤如下。

◆ 步骤 1　创建型腔铣工序

单击"插入"工具条上的"创建工序"按钮 ，在"创建工序"对话框中选择工序子类型为"型腔铣" ，在位置组中选择刀具为"T2-D12"，几何体为"CONCAVE"，方法为"MILL_FINISH"，如图 2-45 所示。确认选项后单击"确定"按钮。

◆ 步骤 2　确认几何体与刀具

打开"型腔铣"工序对话框，显示几何体与刀具部分，如图 2-46 所示。单击"显示"按钮 ，可以查看当前的部件几何体与毛坯几何体。在刀具后单击按钮 ，可以显示/编辑刀具参数。

◆ 步骤 3　生成刀轨

在"型腔铣"工序对话框底部的"操作"选项组中单击"生成"按钮 ，计算生成刀轨。

计算完成后，在模型上显示刀轨，如图 2-47 所示。

图 2-45　"创建工序"对话框

2-3

图 2-46　"型腔铣"工序对话框

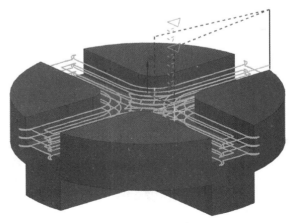

图 2-47　生成刀轨

◆ 步骤 4　刀轨设置

在"型腔铣"工序对话框中展开"刀轨设置"，进行参数设置。设置公共每刀切削深度为"恒定"，最大距离为 1mm，如图 2-48 所示。

单击"进给率和速度"按钮![icon]，弹出图 2-49 所示的对话框。设置主轴转速（rpm）为 "800"，切削进给率为 "250mmpm"，单击"计算"按钮![icon]，计算表面速度与每齿进给量，单击"确定"按钮，返回"型腔铣"工序对话框。

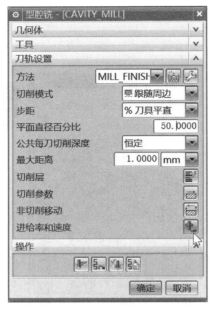

图 2-48 "刀轨设置"选项组

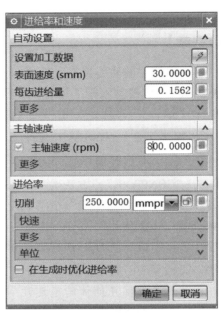

图 2-49 "进给率和速度"对话框

◆ 步骤 5 生成刀轨

在"型腔铣"工序对话框中单击"生成"按钮![icon]，计算生成刀轨。计算完成后，显示刀轨如图 2-50 所示。

◆ 步骤 6 确认刀轨

单击"确认"按钮![icon]，系统打开"刀轨可视化"对话框，在对话框选择"3D 动态"选项卡，再单击下方的"播放"按钮![icon]，在图形上将进行实体切削仿真。图 2-51 所示为仿真过程。仿真结束后单击"确定"按钮，关闭"刀轨可视化"对话框。

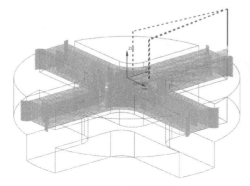

图 2-50 生成刀轨

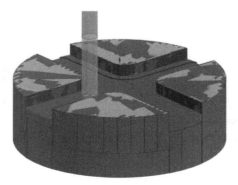

图 2-51 确认刀轨

◆ 步骤 7　确定工序

确认刀轨后，单击"型腔铣"工序对话框底部的"确定"按钮，接受刀轨并关闭工序对话框。

【精益求精】

创建工序是 UG NX 数控编程中最重要的工作，在完成本任务的型腔铣工序创建时，应当注意以下几点：

1）在创建工序时需要选择正确的"位置"，这些父本组中的参数将直接应用于工序。对于选择错误的组，如几何体、刀具和方法，在工序对话框中可以进行重新选择。

2）选择了正确的父本组，进入工序对话框可以直接生成刀轨，特别要注意选择的几何体应该是工件几何体，如果在"型腔铣"工序对话框中的指定部件与指定毛坯按钮是高亮显示的，则表示没有选择正确的几何体。

3）选择加工方法为"MILL_FINISH"，表示精加工方法，默认设置余量为"0"。

4）通过生成刀轨可以先确认父本组选择是否正确，切削范围是否正确，确认没有问题后再细化参数设置。

5）在本任务中，大部分选项使用了默认的参数，对重要的参数有必要进行确认。

6）创建工序时，通常必须设置步距与切削深度值，另外进给率和主轴转速也必须设置。

7）设置进给率和速度时，如果直接指定主轴转速与切削进给率，需要单击"计算"按钮，不能直接确定返回。

【挑战一下】

本任务中创建工序时直接选择了正确的位置组选项，如果没有选择刀具、几何体，在创建工序时应该如何操作，请尝试完成。

任务 2-4　复制工序创建凸面加工型腔铣工序

【任务目标】

➤ 掌握工序导航器的对象复制与粘贴操作。
➤ 能应用工序导航器管理创建的工序。
➤ 能编辑创建好的工序等对象。

【任务分析】

凸面加工与凹面加工类似，可以复制凹面加工的型腔铣工序并进行少量的修改来完成凸面加工工序的创建。

【知识链接：工序导航器中的对象操作】

在工序导航器中可以进行多种针对选择对象的操作管理，包括对象的编辑、删除、复制和粘贴等操作，可以操作的对象包括几何体、刀具、方法、程序和工序。通过对象的复制，可以减少重复的参数设置。

在工序导航器中选择对象并右击，弹出图 2-52 所示快捷菜单，其中许多菜单项的功能与主菜单中的菜单项和工具条中的命令功能相同。

图 2-52 快捷菜单

对选择的对象可以进行直接操作，最常用的操作包括编辑、剪切、粘贴和删除等。

1. 编辑

在快捷菜单中选择"编辑"选项，出现所选对象（工序或组）的相应编辑对话框，可进行参数修改。如果选择了多个对象，则根据对象在工序导航器中的排列顺序，依次显示相应编辑对话框供用户进行参数编辑。

双击某对象，也可以进行对象的编辑。

2. 剪切与复制

该功能用于在工序导航器中剪切或复制所选对象到剪贴板上，以便将所选对象粘贴到不同的位置。剪切将不保留选择的对象。

3. 粘贴与内部粘贴

该功能可将先前剪切或复制的对象粘贴到指定位置，并与当前选择的对象关联。粘贴与内部粘贴的区别是：采用粘贴的对象与所选对象同级，而采用内部粘贴的对象在所选对象的下一级。图 2-53 所示为两者的区别。

使用剪切和粘贴可以重新排列各个工序的顺序，也可以直接修改工序的父组。另外，可以直接选择对象并进行拖动，相当于剪切/粘贴；按住键盘的<Ctrl>键再进行拖动，相当于复制/粘贴。

4. 删除

永久删除选择的对象，所选对象中包含的组和工序也全部被删除。

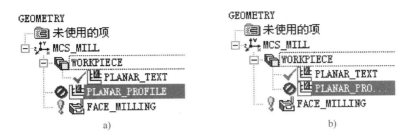

图 2-53　粘贴与内部粘贴
a）粘贴　b）内部粘贴

【任务实施】

复制凹面型腔铣加工工序来创建凸面加工工序的步骤如下。

◆ 步骤 1　显示工序导航器几何视图

单击"工序导航器"按钮 ，显示工序导航器。单击"导航器"工具条上的按钮 ，切换到工序导航器-几何视图。

◆ 步骤 2　固定显示工序导航器

在工序导航器的左上角单击"资源条"按钮，在弹出的菜单中勾选"销住"，如图 2-54 所示，使工序导航器保持显示，而不自动隐藏。

◆ 步骤 3　删除几何体

在工序导航器上选择坐标系几何体"MCS_MILL"并右击，在弹出的快捷菜单中选择"删除"，如图 2-55 所示，删除该坐标系几何体及其下级的工件几何体。

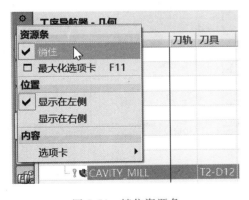

图 2-54　销住资源条

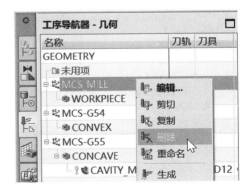

图 2-55　"删除"命令

◆ 步骤 4　复制工序

选择几何体"CONCAVE"下的型腔铣工序"CAVITY_MILL"，在图形上显示该刀轨，该刀轨为凹面加工的型腔铣工序。右击，在弹出的快捷菜单中选择"复制"，如图 2-56 所示，复制该工序。

◆ 步骤 5　粘贴工序

移动鼠标指针到几何体"CONVEX"上，右击，在弹出的快捷菜单中选择"内部粘贴"，如图 2-57 所示，在几何体"CONVEX"下将出现工序"CAVITY_MILL_COPY"，该工序前面显示为"⊘"，后面显示标记"✕"。

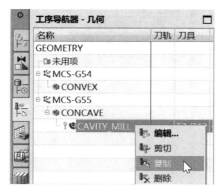

图 2-56　复制工序

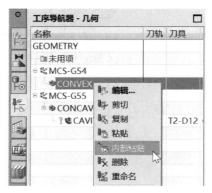

图 2-57　"内部粘贴"命令

◆ 步骤 6　重命名工序

选择工序"CAVITY_MILL_COPY"，右击，在弹出的快捷菜单上选择"重命名"，输入工序名称为"MILL_2"；选择工序"CAVITY_MILL"，重命名为"MILL_1"，如图 2-58 所示。

◆ 步骤 7　显示工序导航器机床视图

单击工具条上的按钮切换到"机床视图"，单击 T2-D12 前的"+"号，显示所有工序，如图 2-59 所示。

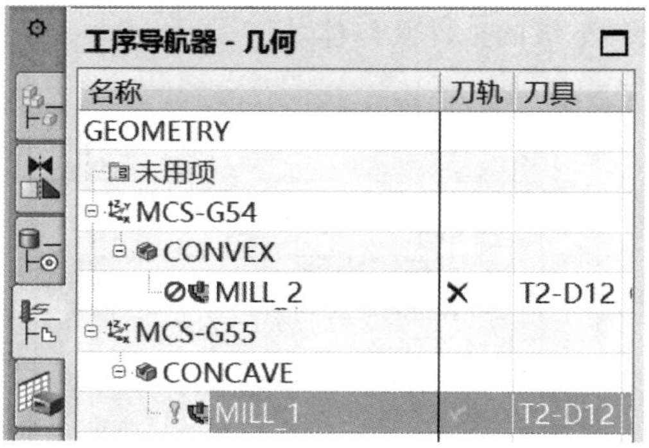

图 2-58　重命名

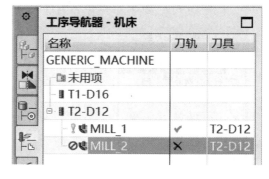

图 2-59　显示机床视图

◆ 步骤 8　移动工序"MILL_2"

选择工序"MILL_2"，一直按住鼠标左键，并移动鼠标指针到"T1-D16"上，如图 2-60 所示，移动工序"MILL_2"到"T1-D16"下。

◆ 步骤 9　生成刀轨

选择工序"MILL_2"，在工具条上单击"生成刀轨"按钮计算生成刀轨，在刀轨计算完成后将显示刀轨，如图 2-61 所示。

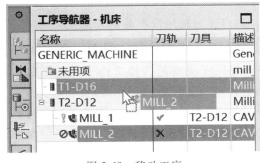

图 2-60 移动工序

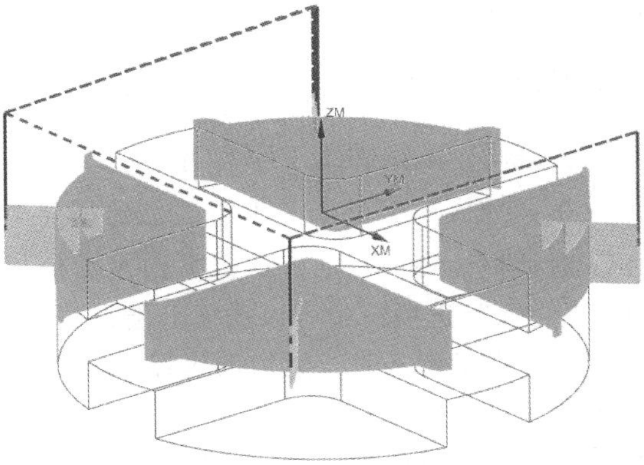

图 2-61 生成刀轨

【精益求精】

本任务运用工序导航器中对象的复制等功能实现了凸面工序的创建，在完成本任务时，应当注意以下几点：

1）对于一些相似的工序创建，有大量的公共参数设置相同，可以采用复制工序再修改父本组或者编辑部分参数来创建工序，可以大大提高效率，并且可以保证两个工序的参数一致。

2）删除父级对象时，其下级的所有对象也将被删除。

3）复制工序后，应该即刻进行粘贴，如进行了其他操作，则复制的对象不再保留，需要重新复制。

4）在工序导航器中也可以通过拖动工序来改变位置，即变更其父组。

5）如果需要选择多个对象，可以按住键盘的<Ctrl>键进行选择或者反选；选择上层选项，将选中其下属的所有组对象与工序。

【挑战一下】

本任务采用复制工序的方法进行凸面加工型腔铣工序的创建，请尝试直接进行凸面加工型腔铣工序的创建。

任务 2-5 创建程序并将工序分组管理

【任务目标】

➢ 了解程序的含义和作用。

➢ 能够正确创建程序。

➢ 能够正确给工序分组。

【任务分析】

零件加工时要分两个工位装夹，为了明确区分管理工序，可以创建两个程序，分别管理凸面加工与凹面加工的工序。

【知识链接：创建程序】

程序用于组织加工工序，当工序数量较多时，可以通过程序进行分组管理。

在"插入"工具条上单击"创建程序"按钮 ，系统将弹出图 2-62 所示的"创建程序"对话框。在该对话框中，类型表示模板文件，程序子类型是模板文件中已经创建的程序。"位置"选项组中可以选择上层程序组，当前程序将置于位置程序之下。

工序数量不多时，无须创建程序组，直接使用默认的单一程序组；工序数量较多时，应该创建多个程序组进行分类管理。另外，在进行分次加工或者在加工中使用几个不同坐标系几何体时，也应该创建对应的程序组，以方便管理和操作。

在"名称"文本框中输入程序组的名称，单击"确定"按钮创建一个程序，随后可以指定开始事件，如图 2-63 所示。勾选"操作员消息 状态"，再输入相关信息，该信息将在后处理的程序中显示为注释。完成一个程序创建后将可以在工序导航器-程序顺序视图中查看。

由于多数数控系统不支持中文显示，所以"操作员消息"文本框中一般应输入英文。

图 2-62　"创建程序"对话框

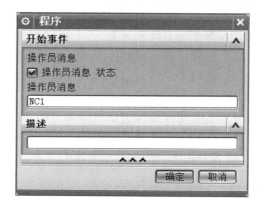

图 2-63　"程序"对话框

【任务实施】

创建程序并将工序移动到程序组中的操作步骤如下。

◆ 步骤 1　创建程序"OP20"

在"插入"工具条中单击"创建程序"按钮，系统将弹出图 2-64 所示的"创建程序"对话框，输入名称为"OP20"。单击"应用"按钮，打开"程序"对话框，勾选"操作员消息 状态"选项，输入操作员消息为"OP20-MILL_2"，如图 2-65 所示。单击"确定"按钮，完成程序"OP20"的创建。

◆ 步骤 2　创建程序 OP10

在"创建程序"对话框中输入名称为"OP10"，单击"确定"按钮，打开"程序"对话框，勾选"操作员消息 状态"选项，输入操作员消息为"OP10-MILL_1"，单击"确定"按钮，完成程序"OP10"的创建。

图 2-64　"创建程序"对话框

图 2-65　输入操作员消息

◆ 步骤 3　显示工序导航器-程序顺序视图

单击"导航器"工具条中的按钮 ，切换到工序导航器-程序顺序视图，如图 2-66 所示。

◆ 步骤 4　移动工序"MILL_1"

选择工序"MILL_1"，右击，在弹出的快捷菜单中选择"剪切"；移动鼠标指针到程序"OP10"上，右击，在弹出的快捷菜单中选择"内部粘贴"，工序"MILL_1"被移动到程序"OP10"中，如图 2-67 所示。

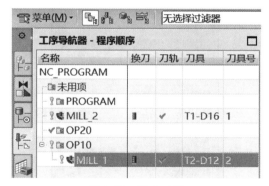

图 2-66　工序导航器-程序顺序视图　　　　　　　图 2-67　移动工序

◆ 步骤 5　编辑工序"MILL_2"

双击工序"MILL_2"，打开"型腔铣"工序对话框，在"程序"选项组中，选择程序为"OP20"，如图 2-68 所示，单击"确定"按钮，完成工序编辑。

在工序导航器中，可以看到工序"MILL_2"被移动到程序"OP20"中，如图 2-69 所示。

◆ 步骤 6　移动程序

选择程序"OP10"，按住鼠标左键，将其拖动到"OP20"上方。

◆ 步骤 7　保存文件

单击工具栏中的"保存"按钮，保存文件。

◆ 步骤 8　后处理

选择程序"NC_PROGRAM"，右击，在弹出的快捷菜单中选择"后处理"，系统弹出

"后处理"对话框，单击"浏览以查找后处理器"按钮，在弹出的窗口中选择后处理器"mill_3axis_Sinumerik_840D_mm"，指定输出文件名为"D：\NC\T2\OP10_OP20.mpf"，如图2-70所示，单击"确定"按钮进行后处理。

图 2-68　编辑工序

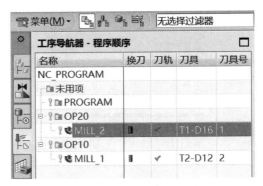

图 2-69　工序导航器-程序顺序视图

完成后处理将生成一个程序文件，并在"信息"窗口中显示信息，可以进行程序的检查，如图 2-71 所示。单击"关闭"按钮，关闭"信息"窗口。

图 2-70　"后处理"对话框

图 2-71　数控程序

【精益求精】

创建程序操作比较简单，在完成本任务时，应当注意以下几点：

1）对于同一工件的加工，工序数量不多的情况下，一般无须创建程序；而对多个零件加工或者工序数量较多时，需要创建程序，按工件、粗精加工、加工类型等将工序进行分组。

2）如有必要，可以创建多级程序组，此时需要在创建程序时在"位置"选项组中选择对应的上级程序。

3）在开始事件中指定的操作员信息是以注释方式显示在 NC 程序文件中的，可以将其他需要说明的事项填写在此处，通常应该使用英文。

4）在创建或编辑工序时，可以选择程序组；也可以在工序导航器中通过移动工序来改变工序的程序组。

5）只改变程序组时，不需要在工序对话框中重新生成刀轨；但改变几何体、刀具和加工方法时需要重新生成刀轨。

6）要输出坐标系指令，必须选择支持输出坐标系指令的后处理器。

7）要进行后处理的所有工序必须在同一程序组内，可以是上级程序组。

【挑战一下】

在"插入"工具条中，除了创建刀具、创建几何体以及创建程序以外，还有创建加工方法。创建加工方法可以指定余量、公差、切削步距和进给率等选项的默认值。系统中已有的加工方法包括有粗加工（MILL_ROUGH）、半精加工（MILL_SEMI_FINISH）、精加工（MILL_FINISH）和默认加工方法（METHOD）。请尝试创建加工方法，并为工件创建粗加工与精加工工序。

拓展知识：工序变换

在创建工序后，工序对象可以与几何体对象一样进行镜像，产生对称方位的工序；也可以进行平移、绕点旋转、绕直线旋转、矩形阵列和圆形阵列等方式的变换。通过工序对象的镜像和变换，可以快速复制出多个相同几何形状的加工刀轨。具体应用请扫描二维码学习。

练习与评价

2-6

【回顾总结】

本项目完成了一个十字联轴器的数控加工编程，通过 5 个任务介绍了 UG NX 编程中父本组创建的相关知识与技能。图 2-72 所示为本项目的思维导图，图中左侧为知识点与技能点，右侧为项目实施的任务及关键点。

【自测项目】

完成图 2-73 所示的凸模（E2. prt）的数控加工程序创建。具体任务如下：

1）编辑坐标系几何体，将坐标系原点置于零件顶面中心。

2）编辑工件几何体，毛坯为立方体。

3）创建直径为 $\phi25mm$、下半径为 5mm 的刀具 T1-D25R5。

4）创建直径为 $\phi12mm$ 的平底刀 T2-D12。

5）创建粗加工工序。

6）复制粗加工工序，创建精加工工序。

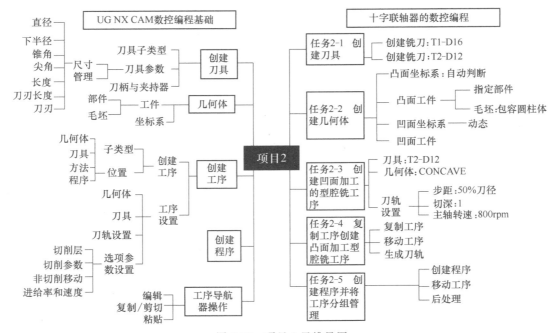

图 2-72 项目 2 思维导图

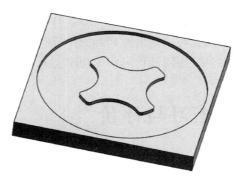

图 2-73 自测题

7）创建程序，将粗加工工序和精加工工序分组管理。

8）对粗加工工序和精加工工序分别后处理生成 NC 代码文件。

【思考练习】

1. 创建刀具时，有哪几种铣削加工应用的刀具子类型？

2. 刀具参数中，哪几个会影响刀轨？

3. 坐标系几何体有何作用？

4. 指定毛坯有哪几种常用方法，分别适用于哪种工件？

5. 创建工序时要指定哪几个位置组？

6. 改变一个工序的父本组有哪几种方法？

7. 创建程序的作用是什么？

【学习评价】

序号	评价内容	达成情况		
		优秀	合格	不合格
1	扫描二维码完成基础知识测验题,测验成绩			
2	能正确指定方向与原点创建坐标系几何体			
3	能使用合理的方法指定部件与毛坯			
4	能正确设置参数创建刀具			
5	能正确创建工件几何体			
6	能正确选择位置组创建工序			
7	能正确使用工序导航器管理工序等对象			
8	能复制工序并进行编辑			
9	能创建程序并应用程序进行工序分组			
10	能完成各任务的"挑战一下"			
	综合评价			

存在的主要问题:_____

_____

_____

项目 3

工具箱盖凸模的数控编程

【项目概述】

本项目要求完成工具箱盖凸模（图 3-1）的数控加工编程。零件材料为 H13 模具钢，毛坯为 6 个表面均已加工平整的锻件，文件名称为 "T3.prt"。

这个零件为典型的凸模零件，零件侧面有拔模斜度，都是比较陡峭的侧壁。对零件要进行粗加工与精加工，精加工包括侧面精加工和底面精加工。通过本项目的学习，学生应掌握 UG NX 软件编程中型腔铣工序和深度轮廓铣工序的创建与应用。

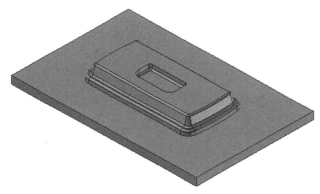

图 3-1　工具箱盖凸模

【项目目标】

- ➤ 掌握型腔铣工序的特点和应用。
- ➤ 掌握型腔铣的几何体类型及其选择方法。
- ➤ 能够正确进行型腔铣的刀轨设置。
- ➤ 掌握切削层、切削参数、非切削移动、进给率和速度的选项设置。
- ➤ 了解深度轮廓铣工序的特点和应用。
- ➤ 掌握深度轮廓铣的连接参数设置。
- ➤ 能够正确创建复杂零件的粗加工型腔铣工序。
- ➤ 能够正确设置选项参数，创建侧面精加工的型腔铣工序。
- ➤ 能够正确设置选项参数，创建底部加工的深度轮廓铣工序。
- ➤ 能够正确设置选项参数，创建角落加工深度加工拐角工序。

任务 3-1　创建粗加工的型腔铣工序

【任务目标】

> 掌握型腔铣工序的特点和应用。
> 了解型腔铣的常用切削模式。
> 掌握切削步距的设置方法。
> 掌握型腔铣的几何体类型及其选择方法。
> 理解表面速度、每齿进给量与主轴转速和切削进给率的关系。
> 掌握主轴转速和切削进给率的设置方法。
> 能够正确进行型腔铣的刀轨设置。
> 能够正确创建复杂零件的粗加工型腔铣工序。

【任务分析】

由于模具零件的加工余量很大，因而在加工时首先要进行粗加工。在 UG NX 中进行编程时，粗加工使用的工序子类型为型腔铣。

【知识链接：型腔铣】

型腔铣（CAVITY MILL）加工是一种等高加工，对零件逐层进行加工，系统按照零件在不同深度的截面形状计算各层的刀轨。型腔铣工序可以选择不同的切削模式，包括平行切削、环绕切削方式的粗加工，以及轮廓铣削的精加工。

型腔铣的应用非常广泛，主要有：用于大部分零件的粗加工，如各种形状复杂的零件的粗加工；设置为轮廓铣削，可以完成直壁或者斜度不大的侧壁的精加工；通过限定高度值进行单层加工，可用于平面的精加工。

3.1.1　型腔铣工序的几何体

型腔铣的加工区域是由曲面或者实体几何来定义的。如果选择的几何体组中没有指定部件几何体、毛坯几何体等，在创建工序时可以直接指定几何体。

图 3-2 所示为型腔铣的几何体选项。它包括几何体父节点组与部件、毛坯、检查、切削区域、修剪边界 5 种类型。

1. 几何体

选择工序后将指定当前工序的几何体父节点组，几何体的选择将确定当前工序在工序导航器-几何视图中所处的位置。

对几何体父节点组，可以从下拉选项中选择一个已经创建的几何体，选择的几何体将包含其创建时所设定的坐标系位置、安全选项设置、部件几何体、毛坯几何体和检查几何体等。

单击按钮，新建一个几何体，新建的几何体可以被其他工序引用。

单击按钮，编辑当前选择的几何体，允许编辑各个选项参数，并可以向几何体组添加或移除几何体。完成编辑后，系统在应用前将请求确认。

编辑几何体需要注意其他使用该几何体的工序是否需要变更。

2. 指定部件、指定毛坯、指定检查

用于指定部件几何体、毛坯几何体与检查几何体。

若选择的几何体组中不包括部件几何体、毛坯几何体、检查几何体，在创建工序时可以进行指定。几何体的含义和指定方法与创建工件几何体是一致的，但创建工序时指定毛坯只能选择几何体。

若在选择的几何体组中已经指定了部件、毛坯，则在创建工序时不能再进行指定与编辑，只能显示查看。

3. 指定切削区域

指定部件几何体被加工的区域，可以是部件几何体的一部分。不指定切削区域时，将对整个部件进行加工；指定切削区域时，则只在切削区域上方生成刀轨。

需要局部加工时，可以指定切削区域几何体。切削区域几何体只能选择部件几何体上的"面"。

4. 指定修剪边界

修剪边界几何体用一个边界对生成的刀轨做进一步的修剪。修剪边界几何体可以限定生成刀轨的切削区域，如指定局部加工或者角落加工。另外，在凸模加工时，指定修剪边界几何体也可以作为外边界限制生成刀轨。图3-3所示为指定修剪边界时弹出的"修剪边界"对话框，可以使用面、曲线、点的方式来指定修剪边界。

指定修剪边界时，一定要注意修剪侧的正确指定。

图 3-2 "几何体"选项组   图 3-3 "修剪边界"对话框

3.1.2 型腔铣工序的刀轨设置

刀轨设置是型腔铣工序参数中最重要的一栏，打开"刀轨设置"选项组，包括常用选项设置，如切削模式、步距等，可以直接进行设置。另外，"刀轨设置"选项组还有切削层、切削参数、非切削移动、进给率和速度等下级对话框的成组参数，如图3-4所示。

1. 方法

选择当前工序所属的加工方法组，同时允许为此工序创建新的方法组。

选择合适的方法组可减少参数设置的工作量，如粗铣加工时选择"MILL_ROUGH"方法，则自动设置了余量等参数。

2. 切削模式

切削模式决定了用于切削区域的走刀方式，选择不同的切削模式可以生成适用于不同结构特点的零件加工的刀轨，并且对于不同的切削模式，刀轨设置选项也会有所区别。在型腔铣中共有 7 种可用的切削模式，如图 3-5 所示。

图 3-4　型腔铣的刀轨设置

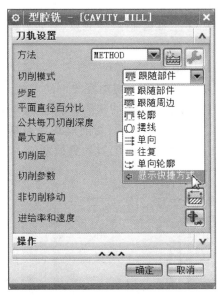

图 3-5　切削模式

（1）跟随部件　通过对所有指定的部件几何体进行偏置来产生刀轨。图 3-6 所示为"跟随部件"切削模式下生成的刀轨示例。

在带有岛屿的型腔区域中使用"跟随部件"切削模式，可以在不设置任何切换的情况下完整切削整个部件几何体。

（2）跟随周边　通过对切削区域的边界进行偏置产生环绕切削的刀轨。图 3-7 所示为"跟随周边"切削模式下生成的刀轨示例。与"跟随部件"切削模式的不同之处在于，它将毛坯几何体、修剪边界几何体等均考虑在内，以形成的切削区域边界进行偏置。

型腔区域加工时常使用"跟随周边"切削模式，采用这种切削相对来说抬刀次数较少，并且可以有效地去除所有加工区域内的材料。

（3）轮廓　通过创建一条或者指定数量的刀轨来完成零件侧壁或轮廓的切削，可以用于敞开区域和封闭区域的加工。图 3-8 所示为"轮廓"切削模式下的刀轨示例。

"轮廓"切削模式通常用于零件的侧壁或者外形轮廓的精加工或者半精加工；也可以用于铸件等余量较为均匀的零件的粗加工。通过设置"附加刀路"选项，可以生成指定数量的切削刀路进行多次加工。

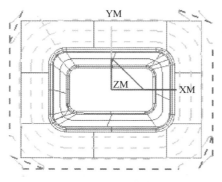

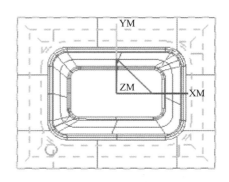

图 3-6 "跟随部件"切削模式下的刀轨   图 3-7 "跟随周边"切削模式下的刀轨

（4） **(())** 摆线   通过产生数个小的回转圆圈，避免在全刀切入时材料的切削量过大。图 3-9 所示为"摆线"切削模式下的刀轨示例。

当需要限制过大的步距以防止刀具在完全嵌入切口时折断，或者需要避免过量切削材料时，可以选择"摆线"切削模式，刀具以小的回环切削模式来加工材料。摆线加工通常用于高速加工，可以避免刀具负荷剧变。

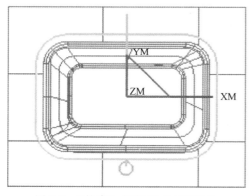

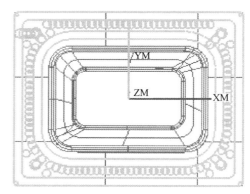

图 3-8 "轮廓"切削模式下的刀轨   图 3-9 "摆线"切削模式下的刀轨

（5） **吕** 往复   在切削区域内沿平行直线来回加工，生成一系列"顺铣"和"逆铣"交替的刀轨。"往复"切削模式下的刀轨示例如图 3-10 所示。

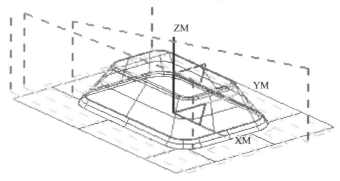

图 3-10 "往复"切削模式下的刀轨

往复切削去除材料的效率较高，抬刀较少，是比较常用的粗加工切削模式。通常需要打开"壁清理"选项，以清除零件侧壁上的残余料，保证周边余量均等。

（6）☰ 单向 创建一系列沿同一个方向切削的线性刀路。"单向"切削模式将保持一致的"顺铣"或"逆铣"。刀具从切削刀路的起点处进刀，并切削至刀路的终点；然后退刀，移动至下一刀路的起点，再进刀进行下一行的切削。图 3-11 所示为"单向"切削模式下的刀轨示例。

"单向"切削模式可以保持一个恒定的顺铣或逆铣的切削方向，并且切削负荷相对稳定，特别适用于有一侧开放区域的零件加工。

（7）🔁 单向轮廓 生成与单向切削类似的线性平行刀轨，但是在下刀时将下刀在前一行的起始点位置，然后沿轮廓切削到当前行的起点进行当前行的切削，切削到端点时，沿轮廓切削到前一行的端点。图 3-12 所示为沿轮廓的"单向轮廓"切削模式下的刀轨示例。

"单向轮廓"的切削刀路为一系列"环"，在轮廓周边不留残余，并且在材料已经切除的"开放"区域下刀。

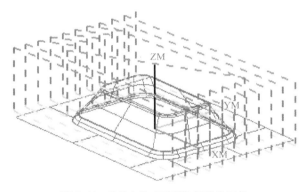

图 3-11 "单向"切削模式下的刀轨

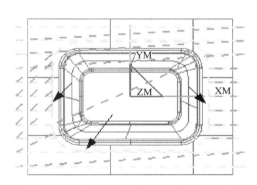

图 3-12 "单向轮廓"切削模式下的刀轨

3. 步距

步距也称为步进，定义两个切削路径之间的水平间隔距离，即两行间或者两环间的间距。

步距可以采用恒定、残余高度、%刀具平直、变量平均值或多个的方式进行设置。

（1）恒定 直接指定距离值为步距，这种方法设置直观明了。如果刀路之间的指定距离没有均匀分割加工区域，系统会减小刀路之间的距离，以便保持恒定步距。

（2）残余高度 需要输入允许的最大残余波峰高度值，加工后的残余量不超过这一高度值。这种方法特别适用于使用球头铣刀进行加工时步距的计算。

（3）%刀具平直 即刀具平直百分比，输入刀具平面直径的百分比计算得到步距。

对于平刀与球头铣刀，系统将其整个直径用作有效刀具平面直径；对于圆角刀，要减去下半径 R 部分，平面刀具直径按 D-2R 计算。

（4）变量平均值 设置可以变化的步距。切削模式为"往复""单向""单向轮廓"时，步距设置方式可以选择"变量平均值"，如图 3-13 所示；设置步距的最大值与最小值，系统将自动调整合适的步距值，如图 3-14 所示。

（5）多重变量 切削模式为"跟随周边""跟随部件""轮廓"时，可变步距的设置方式为"多重变量"，如图 3-15 所示；允许指定多个步距大小以及每个步距大小所对应的刀路数。列表中的第一个刀路对应于距离轮廓最近的刀轨，再逐渐向外偏移。图 3-16 所示为"多重变量"刀轨示例。

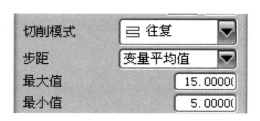

图 3-13　"变量平均值"步距

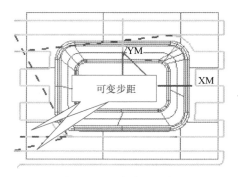

图 3-14　可变步距刀轨

当组合的"距离"和"刀路数"超出或无法填满要加工的区域时，系统将从切削区域的中心减去或添加一些刀路。

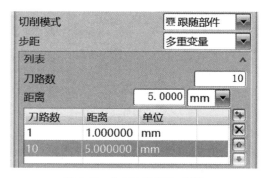

图 3-15　"多重变量"步距

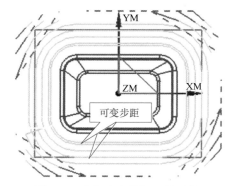

图 3-16　"多重变量"刀轨示例

步距设置直接影响加工效率与加工精度，在步距设置时还需要考虑刀具的承受力。通常在粗加工时可以设置较大的步距值。

4. 公共每刀切削深度

用于设置加工中沿刀轴矢量方向的切削深度。可以采用"恒定"方式输入最大距离，或者采用"残余高度"，由系统计算得到切削深度。

公共每刀切削深度设置较大值可以有相对较高的切削效率，但必须考虑刀具的承受力，同时采用较大的切深时，切削速度应设置较小值。

5. 切削层

切削层用于划分等高线进行分层。使用"切削层"选项可以将一个零件划分为若干个范围，在每个范围内使用相同的每刀深度，各个范围可以采用相同的或不同的每刀深度。另外也可以通过切削层来限制切削深度范围。

6. 切削参数

指定切削运动相关的切削策略、余量、拐角运动方式等参数。设置合理的切削参数可以提高效率。

7. 非切削移动

指定在切削移动之前、之后以及之间对刀具进行定位的移动。

非切削移动不产生实际切削加工的轨迹。设置合理的非切削移动选项有利于保证加工安全、延长刀具寿命、提升加工质量以及提高加工效率。

3.1.3 进给率和速度

在"型腔铣"对话框中单击"进给率和速度"按钮，弹出"进给率和速度"对话框，如图 3-17 所示，用于指定主轴速度和进给率。

1. 自动设置

指定切削刀具后，确定刀具直径 D；在"自动设置"中输入表面速度 V_c 和每齿进给量 f_z，单击"计算"按钮 ，得到主轴转速 n 与切削进给率 f。

系统按公式 $n = 1000V_c/\pi D$ 进行计算得到主轴转速，按公式 $f = znf_z$ 进行计算得到切削进给率。

大部分刀具供应商都会在刀具包装或者刀具手册上提供其刀具切削不同材料的线速度 V_c 和每齿进给量 f_z 的推荐值。

2. 主轴速度

指定主轴转速，输入数值的单位为 rpm（即 r/min）。

主轴转速是必须设置的选项，否则在加工中刀具不会旋转。对于通过自动设置计算所得的结果也可以在此进行调整。

3. 进给率

进给率是指刀具加工工件进行切削时的进给速度，在 G 代码的数控加工程序中以"F_"来表示。在"切削"选项处输入正常切削加工的进给率，输入数值的单位为 mmpm（即 mm/min）。

进给率直接关系到加工质量和加工效率。一般来说，同一刀具在同样转速下，进给率越高，所得到的加工表面质量会越差。

UG NX 提供了在不同的刀具运动类型下设定不同进给率的功能，展开"更多"选项可以设置不同运动状态下的进给率，如图 3-18 所示。在进给率各选项的右侧有 mmpm、mm-pr、%切削进给率和快速等几个选项，可以设置单位或者移动方式。

（1）逼近　设置接近速度，即刀具从起刀点到进刀点的进给率。在平面铣或型腔铣中，逼近速度可控制刀具从一个切削层到下一个切削层的移动速度。

（2）进刀　设置进刀速度，即刀具从进刀点到初始切削位置的进给率。

（3）第一刀切削　设置水平方向第一刀切削时的进给率。

（4）步进　设置刀具进入下一行切削时的进给率。

（5）移刀　设置刀具从一个切削区域跨越到另一个切削区域进行水平非切削移动时的移动速度。

（6）退刀　设置退刀速度，即刀具切出零件材料时的进给速度，即刀具完成切削移动到退刀点的运动速度。

图 3-17 "进给率和速度"对话框

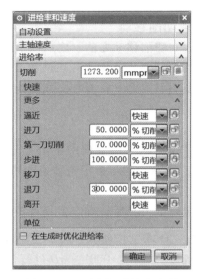

图 3-18 "更多"进给率选项

（7）离开 设置离开速度，即刀具从退刀点到返回点的移动速度。

创建工序时，进给率和主轴转速是必须进行设置或者确认的，设置相对较高的速度和进给率可以提高加工效率，但同时会导致刀具寿命缩短。

逼近、移刀、退刀和离开等非切削运动的进给率可设置为"快速"方式，使用 G00 指令进行快速定位；进刀时会产生底刃切削，第一刀切削和步进时刀具可能会全刀嵌入材料，可以设置相对较低的进给率。

【任务实施】

创建粗加工工序的步骤如下。

◆ 步骤 1 启动 UG NX 并打开模型文件

3-1

启动 UG NX 软件，打开文件名为"T3. prt"的工具箱盖凸模模型文件，检视模型是否正确。

◆ 步骤 2 进入加工模块

在"应用模块"选项卡中单击"加工"按钮，弹出"加工环境"对话框，选择"要创建的 CAM 设置"为"mill_contour"，单击"确定"按钮，进行加工环境的初始化设置。

◆ 步骤 3 创建刀具

单击"创建刀具"按钮，系统弹出"创建刀具"对话框，选择刀具子类型为"MILL（铣刀）"，输入名称为"T1-D50R6"，单击"应用"按钮，打开铣刀参数对话框，设置刀具直径为"50"、下半径为"6"，刀刃数为"4"，刀具号为"1"，单击"确定"按钮，刀具"T1-D50R6"创建完成。

创建名称为"T2-D25R5"的铣刀，设置刀具直径为"25"，下半径为"5"，刀具号为"2"，单击"确定"按钮，刀具"T2-D25R5"创建完成。

创建名称为"T3-D16R0"的铣刀，设置刀具直径为"16"，下半径为"0"，刀具号为"3"，单击"确定"按钮，刀具"T3-D16R0"创建完成。

创建名称为"T4-D10R5"的铣刀，设置刀具直径为"10"，下半径为"5"，刀具号为"4"，单击"确定"按钮，刀具"T4-D10R5"创建完成。

◆ 步骤4　显示工序导航器-几何视图

单击屏幕左侧的"工序导航器"按钮，显示工序导航器，单击工具条上的按钮切换到几何视图，如图3-19所示。

◆ 步骤5　编辑坐标系几何体

双击坐标系几何体"MCS_MILL"进行编辑，在"MCS铣削"对话框的"安全设置"选项组下，设置安全设置选项为"自动平面"，安全距离值为"100"，如图3-20所示。单击"确定"按钮，完成几何体"MCS_MILL"的编辑。

图3-19　工序导航器-几何视图

图3-20　"MCS铣削"对话框

◆ 步骤6　编辑工件几何体

双击工序导航器中的工件几何体"WORKPIECE"，系统将打开"工件"对话框，如图3-21所示。

单击"指定部件"按钮，在图形区拾取实体为部件几何体，如图3-22所示。单击"确认"按钮，完成部件几何体的选择并返回"工件"对话框。

图3-21　"工件"对话框

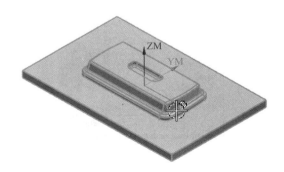

图3-22　指定部件

单击"指定毛坯"按钮，系统弹出"毛坯几何体"对话框，如图3-23所示，设置类型为"包容块"，在图形区将显示毛坯范围，如图 3-24 所示。单击"确定"按钮，完成毛坯几何体的指定并返回"工件"对话框。单击"确定"按钮，完成工件几何体的编辑。

图 3-23 "毛坯几何体"对话框

图 3-24 预览毛坯

◆ 步骤 7 创建型腔铣工序

单击"插入"工具条中的"创建工序"按钮 ，在"创建工序"对话框中选择工序子类型为"型腔铣" ，选择刀具为"T1-D50R6"，几何体为"WORKPIECE"，方法为"MILL_ROUGH"，如图 3-25 所示。确认选项后单击"确定"按钮，开始型腔铣工序的创建。系统弹出"型腔铣"工序对话框，几何体和刀具部分如图 3-26 所示。

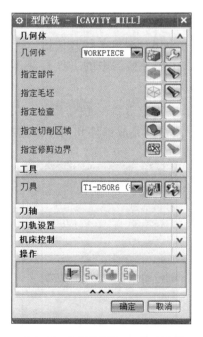

图 3-25 "创建工序"对话框　　　　　　　　图 3-26 "型腔铣"工序对话框

◆ 步骤 8 指定修剪边界几何体

在"型腔铣"对话框中单击"指定修剪边界"按钮 ，系统打开"修剪边界"对话框，默认的选择方法为"面"，设置修剪侧为"外侧"，如图 3-27 所示。

拾取零件的底面，则平面的外边缘将成为修剪边界几何体，如图 3-28 所示。

单击"确定"按钮，完成修剪边界指定，返回"型腔铣"工序对话框。

图 3-27 "修剪边界"对话框

图 3-28 指定修剪边界

◆ 步骤 9 刀轨设置

在"型腔铣"工序对话框中展开"刀轨设置"选项组，选择切削模式为"跟随周边"，设置步距为"恒定"方式，最大距离为"25mm"，公共每刀切削深度为"恒定"，最大距离为"1mm"，如图 3-29 所示。

◆ 步骤 10 设置进给率和速度

单击"进给率和速度"按钮，弹出"进给率和速度"对话框，设置表面速度（smm）为"220"，每齿进给量为"0.2"，单击"计算"按钮，得到主轴转速与切削进给率。

单击进给率下的"更多"选项，设置进刀为"50%"切削进给率，第一刀切削为"70%"切削进给率，如图 3-30 所示。

单击鼠标中键，返回"型腔铣"工序对话框。

◆ 步骤 11 生成刀轨

在"型腔铣"工序对话框中单击"生成"按钮，计算生成刀轨，如图 3-31 所示。

◆ 步骤 12 确定工序

对刀轨进行检视，通过不同视角进行重播，也可以进行可视化刀轨确认，确认刀轨后单击"确定"按钮，接受刀轨并关闭"型腔铣"工序对话框。

【精益求精】

使用型腔铣工序进行粗加工编程是最常用的一种粗加工方式，在完成本任务的粗加工工序创建时，应当注意以下几点。

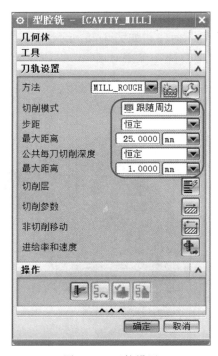

图 3-29　刀轨设置

图 3-30　"进给率和速度"对话框

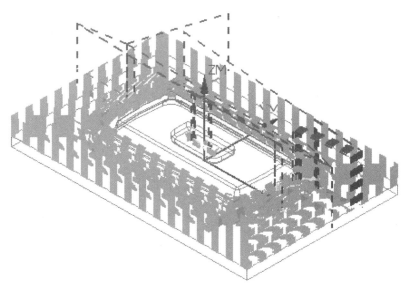

图 3-31　型腔铣刀轨

1）编辑系统默认的几何体，既方便管理，又不容易出错。

2）在创建粗加工工序时，选择的加工方法为"MILL_ROUGH"（粗铣），该方法指定了切削余量为 1mm。

3）指定修剪边界可以将刀路限制在毛坯范围之内，不生成多余的路径，指定修剪边界时，一定要注意修剪侧为"外侧"。

4）以"面"方式指定修剪边界时，选择底面则只有一个边界。如果要选择上方的面，需要"忽略凸台"，否则将有内外两个边界。

5）创建粗加工工序时，必须要指定步距与公共每刀切削深度。

6）选择切削模式为"跟随周边"，产生环绕切削的刀轨，切削负荷变化较小，部件上残余量均匀，抬刀少。

7）进刀时，刀具负荷较大且变化剧烈，第一刀切削时会产生全刀宽的切削，指定相对较低的进给率可以保护刀具。

【挑战一下】

本任务中的型腔铣工序采用的切削模式为"跟随周边"，请尝试以不同的切削模式进行刀轨的生成，并比较各个刀轨的特点以及加工时间的长短。

任务 3-2　创建侧面精加工的型腔铣工序

【任务目标】

➢ 掌握切削层的设置方法。
➢ 掌握切削参数中的"策略"选项卡的设置方法。
➢ 掌握余量选项的含义。
➢ 能够正确设置切削参数。
➢ 掌握进刀与退刀的参数设置。
➢ 能够正确设置非切削移动参数。
➢ 能够正确设置型腔铣工序参数，创建侧面精加工工序。

【任务分析】

零部件加工时，一般是粗加工后再进行精加工，对于本项目中的零件，零件的侧面主体部分为峭壁，适合采用等高加工的方法进行精加工。在精加工时，为保证加工精度，应对不同陡峭的部件使用不同的切削深度值；同时为了获得更好的切削效果，应该对切削参数和非切削移动进行合理设置。

【知识链接：型腔铣的刀轨设置】

3.2.1　切削层

切削层利用等高线进行分层，而等高线平面确定了刀具在移除材料时的切削深度。切削过程中，刀具在一个恒定的深度完成切削后才会移至下一深度。使用"切削层"选项可以将一个零件划分为若干个范围，在每个范围内，每刀切削深度相同。

指定部件几何体后，在型腔铣工序对话框中单击"切削层"按钮，弹出图 3-32 所示的"切削层"对话框，可以进行范围定义与每刀切削深度的指定。

1. 范围类型

指定范围划分的方式。范围类型可以选择自动、单一范围或者用户定义的方式。

（1）自动　系统将自动判断部件上的水平面划分范围。

（2）单一范围　整个区域将只作为一个范围进行切削层的分布。

（3）用户定义　对范围进行手工分割，可以对范围进行编辑和修改，并可对每一范围的切削深度进行重新设定。

只要在下方的"范围定义"中进行任何修改，范围类型就会自动切换到"用户定义"。

2. 切削层

切削层可以选择多层切削或者只在底部切削。选择"恒定"，则将切削深度保持在公共每刀切削深度的设定值；选择"仅在底部范围切削"，则只生成每一个切削范围底部的切削层。

选择"仅在底部范围切削"常用于底面精加工，如果将每刀切削深度设置为"0"，也只在底部范围切削。

3. 公共每刀切削深度

"切削层"对话框中的"公共每刀切削深度"指定所有切削范围的默认每刀切削深度，与"型腔铣"工序对话框中的"公共每刀切削深度"是同一选项，以后设置参数的为准。

4. 范围 1 的顶部

指定切削层的最高处。可以直接设置"ZC"值，也可以在图形上选择一个点来确定切削范围的顶部。

默认情况下，以部件或者毛坯的最高点作为"范围 1 的顶部"，需要局部加工时，可以直接指定一个位置作为"范围 1 的顶部"。

5. 范围定义

指定当前范围的大小。编辑范围大小时，可以在图形上选择对象，以选择的对象所在位置为当前范围的底部。

指定"范围深度"值可以直接指定当前范围的大小，指定范围深度有 4 个测量开始位置，分别是顶层、顶部范围、底部范围和工作坐标系原点，设定的范围深度是与指定的测量开始位置的相对值。

6. 每刀切削深度

指定当前范围的每层切深。

通过为不同范围指定不同的每刀切削深度，可以在不同倾斜程度的表面都取得较好的表

图 3-32　切削层

面质量。图 3-33 所示为两个范围不同的每刀切削深度的切削层示例。

7. 列表

在列表中可以选择范围进行编辑，选择一个范围后，可在范围定义中指定范围深度与每刀切削深度。

单击"添加新集"按钮 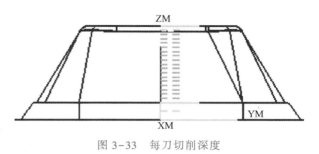，将在当前范围下插入一个新的范围。在列表

图 3-33 每刀切削深度

中选择的范围将在上方显示其参数，可以对其进行编辑。单击"删除"按钮 ✖，可以删除一个范围。图 3-34 所示为编辑范围的应用示例。

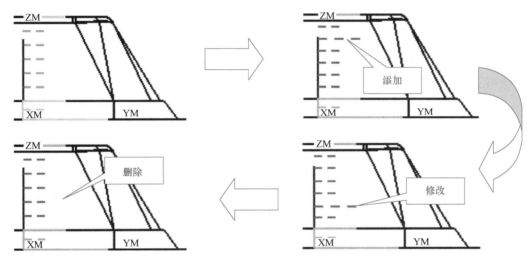

图 3-34 编辑范围

8. 在上一个范围之下切削

在指定范围之下再切削一段距离。

在精加工侧壁时，为保证底部不留残余，可以增加一段距离来增加切削层。

3.2.2 切削参数-策略

切削参数用于设置刀具在切削工件时的一些处理方式。它是各种工序共有的选项，但某些选项随着工序类型的不同和切削模式或驱动方法的不同而变化。

在工序对话框中单击"切削参数"按钮 进入切削参数设置。切削参数有 6 个选项卡，分别是策略、余量、拐角、连接、空间范围和更多。选项卡可以通过顶部标签进行切换。

"拐角"选项卡用于设置在拐角处生成平滑过渡的刀轨，或者在接近拐角时进行进给率的减速，有助于预防刀具在进入拐角处产生偏离或过切。

"连接"选项卡用于设置切削区域之间的运动方式，通过合理的连接选项设置可以缩短切削路径，提高切削效率。

"空间范围"选项卡用于在几何体之外以非几何体的方法进一步限定加工范围。

"更多"选项卡中列出了一些与切削运动相关的而又没有列入其他选项卡的选项。

"策略"选项卡是切削参数设置中的重点，对生成的刀轨影响最大。

选择不同的切削模式，切削参数的"策略"选项也将有所不同，某些策略选项是公用的，而某些策略选项只在特定的切削模式下才有。图 3-35 所示为选择"跟随周边"切削模式时的"策略"选项卡。

不同的工序类型与切削模式，其切削参数的策略选项也有所不同，其中大部分是通用参数。

1. 切削方向

切削方向可以选择"顺铣"或"逆铣"，顺铣表示刀具的旋转方向与进给方向一致，而逆铣则表示刀具的旋转方向与进给方向相反。

通常情况下切削方向选择顺铣，但在工件为锻件或铸件且表面未粗加工时，应优先选择逆铣。对于往复切削，其切削过程中将产生顺铣与逆铣交替的刀路，但在壁清理时将以指定的方向切削。

2. 切削顺序

指定含有多个区域和多个层的刀轨切削顺序。切削顺序有"深度优先"和"层优先"两个选项。

1）深度优先：在切削过程中按区域进行加工，加工完成一个切削区域后再转移到下一个切削区域，如图 3-36 所示。

图 3-35　切削参数：策略

2）层优先：刀具先在一个切削层上铣削所有的外形边界，再进行下一个切削层的铣削。在切削过程中，刀具在各个切削区域间不断转换，如图 3-37 所示。

一般加工优先选用"深度优先"，以减少抬刀；对外形一致性要求高或者薄壁零件的精加工应该选择"层优先"。

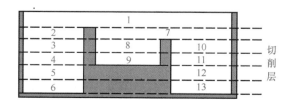

图 3-36　深度优先

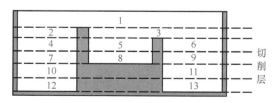

图 3-37　层优先

3. 刀路方向

进行跟随周边或者跟随部件的环绕加工时，刀路方向"向内"，刀具从部件的周边向中心切削；刀路方向"向外"则相反。

选择"向外"方式从切削区域的中心开始切削，切削区域逐渐加大，可以减少全刀切削的距离。

4. 岛清根

岛清根用于清理岛屿四周的额外残余材料，该选项仅用于"跟随周边"切削模式。

激活"岛清根"选项，则在每一个岛屿边界的周边都包含一条完整的刀轨，用于清理残余材料；关闭"岛清根"选项，则不清理岛屿周边轮廓。

5. 壁清理

当使用"单向""往复"和"跟随周边"切削模式时，使用"壁清理"可以移除沿部件壁面出现的残料。系统通过在每个切削层插入一个轮廓刀轨来完成清壁工序。壁清理有"无""在起点""在终点"和"自动"4 个选项。

1）"无"：不进行周壁清理，其刀轨示例如图 3-38 所示。

2）"在起点"：先进行沿周边的清壁加工，再进行区域内的切削加工。

3）"在终点"：在区域加工后再沿周边进行清壁加工，其刀轨示例如图 3-39 所示。

4）"自动"：在"跟随周边"切削模式中，使用轮廓铣刀路移除所有材料，不单独生成一行轨迹。

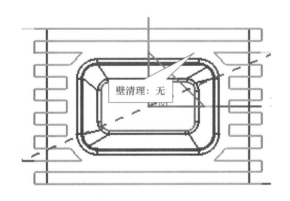

图 3-38　壁清理：无

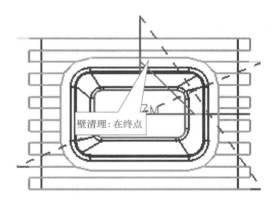

图 3-39　壁清理：在终点

对于型腔内有岛屿的零件粗加工，必须打开"岛清根"或者"壁清理"选项，否则将在周边留下很不均匀的残余，并有可能在后续的切削层中一次切除很大残料。

使用"单向"和"往复"切削模式时，通常选择壁清理选项为"在终点"，插入一个轮廓刀路来完成周边与岛屿的清壁工序，以保证侧壁上的残余量均匀。

6. 延伸刀轨

"在边上延伸"选项可以将切削区域向外延伸，在指定了切削区域几何体后才起作用。图 3-40 所示为设置延伸刀轨的示例（选择底面为切削区域）。

通过在边上延伸，可以保证边上不留残余。另外还可以在刀轨的起点和终点添加切削运动，以确保刀具平滑地进入和退出工件。

7. 精加工刀路

指定刀具完成主要切削后再沿轮廓周边进行切削的精加工刀轨，激活"添加精加工刀路"选项，并输入"刀路数"与"精加工步距"值，刀具将沿工件轮廓创建单个或多个刀路。图 3-41 所示为设置了精加工刀路数为"2"的刀轨示例。

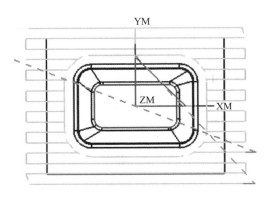

图 3-40　在边上延伸

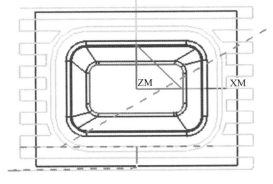

图 3-41　精加工刀路

在粗加工工序中直接进行精加工时，为保证加工周边余量一致，可以打开"添加精加工刀路"选项，设置"刀路数"并按指定的步距（切削余量）进行加工。

8. 毛坯距离

对部件边界或部件几何体应用偏置距离，以生成毛坯几何体。

不选择毛坯几何体，可通过设置毛坯距离来生成毛坯距离范围内的刀轨，而不是整个轮廓所设定的区域，如图 3-42 所示。

对于指定了毛坯几何体的工序，毛坯距离将不起作用。

9. 切削角

当选择切削模式为"往复""单向"或"单向轮廓"时，可以指定切削角度，有如下 4 种方法定义切削角：

1）自动：由系统决定最佳的切削角度，以使其中的进刀次数为最少。

2）最长的线：由系统评估每一个切削所能达到的切削行的最大长度，并且以该角度作为切削角。

3）指定：输入角度值，直接指定。该角度是相对于工作坐标系 WCS 的 X 轴测量的。图 3-43 所示为将切削角定义为 45°时的刀轨示例。

4）矢量：选择或者指定一个矢量方向为切削方向。

指定切削角度时，应尽量使切削轨迹与各个侧壁的夹角相近。

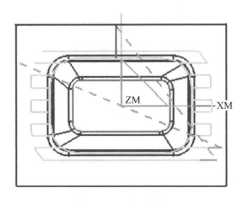

图 3-42　毛坯距离

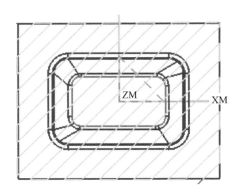

图 3-43　切削角为 45°

10. 摆线设置

"摆线"切削模式采用回环控制嵌入的刀具,可以避免过量切削材料。摆线设置用于控制摆线切削的刀轨形状。

刀路方向为"向内"时,只有"摆线宽度"一个选项。

刀路方向为"向外"时,包括"摆线宽度""最小摆线宽度""步距限制%"和"摆线向前步距"等选项,其含义如图 3-44 所示。

各个摆线设置的参数相互作用,如果设置了不合适的值,将不能产生摆线,因此通常使用默认值,生成刀轨后再微调。

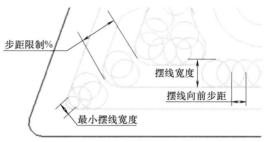

图 3-44 摆线参数含义

3.2.3 切削参数-余量

余量选项决定了完成当前工序后部件上剩余的材料量,相当于将当前的几何体进行偏置。通过余量选项的设置,可以在粗加工时为精加工保留余量,以及为检查几何体、修剪边界几何体保留足够的安全距离。在余量选项中,还可以指定公差,用于限定加工后的表面精度。

在"切削参数"对话框中,单击"余量"标签显示"余量"选项卡,如图 3-45 所示。"余量"选项卡分为"余量"与"公差"两个选项组。

1. 部件余量

部件余量指定部件几何体周围包围着的、刀具不能切削的一层材料,"部件侧面余量"和"部件底面余量"分别表示在水平方向及垂直方向的余量。

雕刻加工需要在曲面下凹处进行,部件余量可以设置为负值,但不能超过刀具的下半径。

在某些情况下,根据零件的公差要求,精加工时也可以对余量进行微调。

2. 使底面余量与侧面余量一致

激活"使用底面和侧面余量一致"选项,将"部件底面余量"设置为与"部件侧面余量"值相等;关闭该选项,需要指定"部件底面余量"。当部件底面余量与部件侧面余量不一致时,在倾斜面或者曲面上,其余量值是在部件侧面余量与部件底面余量之间过渡的,如图 3-46 所示。

图 3-45 余量参数

在型腔铣工序或者平面铣工序中,若零件的侧面精度要求与底面精度要求不同,可以设置不同的余量,如设置底部面余量为"0",粗加工后不进行精加工。

3. 毛坯余量

指定刀具偏离已定义毛坯几何体的距离,设置毛坯余量可将毛坯放大或缩小。

在实际毛坯不规则时,设置毛坯余量可以扩大加工范围,保证彻底去除材料。

4. 检查余量

指定切削时刀具离开检查几何体的距离。

把一些重要的加工面或者夹具设置为检查几何体，加上余量的设置，可以防止刀具与这些几何体接触。

5. 修剪余量

指定刀具位置与已定义修剪边界的距离。

修剪边界在模型上拾取，而实际需要进行放大或缩小后才是正确的加工区域，可以通过修剪余量进行调整。若设置余量为刀具半径值，则修剪的刀轨将与边界相切。

6. 内公差与外公差

公差定义了刀具偏离实际零件的允许范围，公差值越小，切削越准确，产生的轮廓越光顺。切削内公差设置刀具切入零件时的最大偏距，外公差设置刀具切削零件时偏离零件的最大偏距。图 3-47 所示为内、外公差的示意图。

设置较大的公差值可以提高计算速度，因此在进行工序调试时，可以先设置相对较大的公差值，在最后生成刀轨之前再调整到合适的公差值。

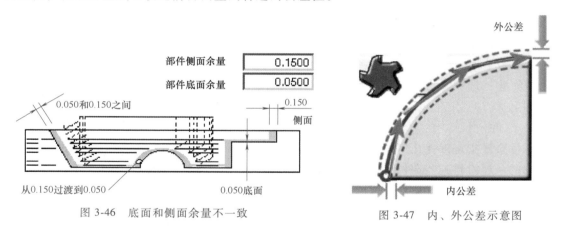

图 3-46 底面和侧面余量不一致   图 3-47 内、外公差示意图

3.2.4 非切削移动-进刀

非切削移动是指切削加工以外的刀具移动方式，包括在切削运动之前、之后和多个切削区域之间定位刀具，如进刀与退刀、区域间连接方式、切削区域起始位置以及避让等选项。非切削移动参数控制如何将多个刀轨段连接为一个相连的完整刀轨。图 3-48 所示为非切削

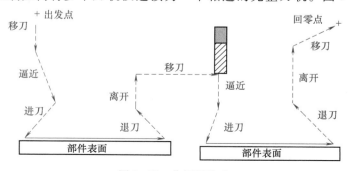

图 3-48 非切削移动

移动的运行示意图。

"非切削移动"对话框中包含 7 个选项卡，分别是进刀、退刀、光顺、起点/钻点、转移/快速、避让和更多。

"进刀"选项卡用于定义刀具在切入零件时的距离和方向，系统会自动地根据指定的切削条件、部件的几何体形状和各种参数来确定刀具的进刀运动。"进刀"选项卡如图 3-49 所示，其参数分为封闭区域与开放区域两部分，并且可以为初始封闭区域与初始开放区域设置不同的进刀方式。封闭区域是指刀具到达当前切削层之前必须切入材料中的区域，开放区域是指刀具在当前切削层可以凌空进入的区域。

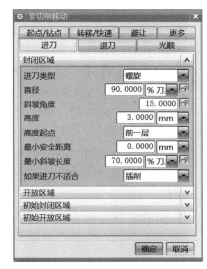

1. 封闭区域

封闭区域的进刀类型有以下几种：

1）螺旋：选择进刀类型为"螺旋"时，需要设置直径、斜坡角度和高度等参数。进刀路线将以螺旋方式渐降，如图 3-50 所示。设置"最小安全距离"用来避免切削零件侧壁；设置"最小斜坡长度"将忽略距离很小的区域，采用插铣下刀。

2）沿形状斜进刀：进刀路径沿着所生成的切削行并按指定的斜坡角度倾斜下刀，如图 3-51 所示。

图 3-49 "进刀"选项卡

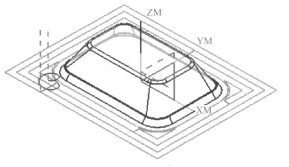

图 3-50 螺旋进刀

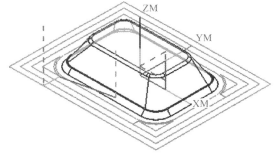

图 3-51 沿形状斜进刀

3）插削：进刀路径将沿刀轴向下，在指定高度值切换为"进刀进给率"，生成的刀轨如图 3-52 所示。

4）无：不设置进刀段，直接快速下刀到切削位置。

5）与开放区域相同：使用开放区域的进刀设置。

螺旋进刀在第一刀切削运动中创建无碰撞的螺旋形进刀移动，可以避免刀具的底刃切削。如果无法满足螺旋移动的要求，则替换为具有相同参数的沿形

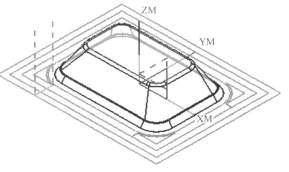

图 3-52 插削进刀

状斜进刀。

插削将直接从指定的高度进刀到部件内部，在切削深度不大或者切削材料硬度不高的情况下，可以缩短进刀运行的距离。

2. 开放区域

开放区域是指刀具可以凌空进入当前切削层的加工位置，也就是毛坯材料已被去除，在进刀过程中不会产生切削动作的区域。

图 3-53　开放区域进刀类型

开放区域的进刀类型有多个选项，如图 3-53 所示。图 3-54 所示为几种常用进刀类型的轮廓铣示例。

1）与封闭区域相同：使用封闭区域中设置的进刀方式。

2）线性：沿与加工路径相垂直方向的直线进刀。

3）线性-相对于切削：沿与切削路径相切方向的直线进刀。

4）圆弧：以一段相切的圆弧作为切入段。

5）点：指定一个点作为进刀的位置。

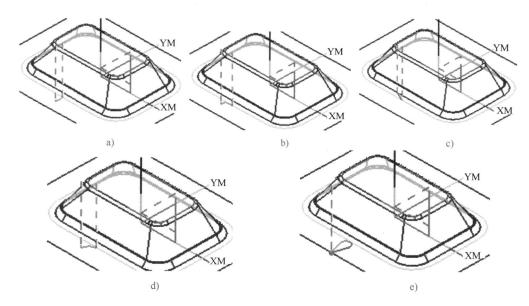

图 3-54　开放区域进刀
a）线性进刀　b）线性-相对于切削进刀　c）线性-沿矢量进刀　d）圆弧进刀　e）点进刀

6）线性-沿矢量：根据一个矢量方向和距离来指定进刀运动，矢量方向是通过矢量构造器指定的，距离是指进刀运动的长度。

7）角度 角度 平面：根据两个角度和一个平面指定进刀运动。两个角度决定了进刀的方向，通过平面和矢量方向定义了进刀的距离。旋转角度是基于首刀切削方向测量的，起始于首刀切削的第一个点位，并相切于零件面，其逆时针方向为正值；斜坡角度是基于零件面的法平面测量的，这个法平面包含旋转角度所确定的矢量方向，其逆时针方向为负值。

8）矢量平面：根据一个矢量和一个平面指定进刀运动。

9）无：没有进刀运动，直接到切削刀轨起始点，或者取消已经存在的进刀设定。

在开放区域同样应该进行进刀设置，以避免刀具直接插入到零件表面或产生进刀痕。进行粗加工或者半精加工时，优先使用"线性"方式，在精加工时应该采用"圆弧"方式，尽可能减少进刀痕。

3.2.5　非切削移动-退刀

"退刀"选项卡用于定义刀具在切出零件时的距离和方向。

"退刀类型"默认设置为"与进刀相同"（实际是与开放区域的进刀类型及参数相同），也可以单独设置，其设置方法与开放区域的"进刀"选项相同。

3.2.6　非切削移动-起点/钻点

"起点/钻点"选项卡主要用于设置切削区域的起点以及预钻点，可以通过指定点来限制切削的起始位置。

"起点/钻点"选项卡如图 3-55 所示，主要选项介绍如下。

1. 重叠距离

由于初始切削时的切削条件与正常切削时有所差别，在进刀位置可能产生较大的让刀量，会形成进刀痕，设置重叠距离将确保该处完全切削干净，消除进刀痕。图 3-56 所示为使用重叠距离产生的刀轨示意图。

在精加工时，设置一个重叠距离可以有效地去除进刀痕，同时也可以避免由刀具误差或者机床误差造成的明显切削不到位。

图 3-55　"起点/钻点"选项卡

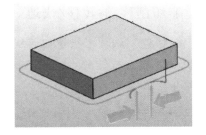

图 3-56　使用重叠距离产生的刀轨

2. 区域起点

区域起点可以指定切削加工的起始位置。可通过指定起点或默认区域起点来定义刀具进刀位置和步进方向。

使用"默认区域起点"选项，系统自动决定起点，默认的点位置可以是"拐角"或者是"中点"，如图 3-57 所示。

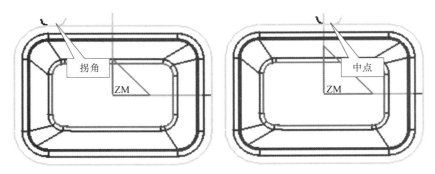

图 3-57　默认区域起点

区域起点也可以被指定，系统以最靠近指定点的位置作为区域起始位置。图 3-58 所示为指定区域起点的刀轨示例。在指定点时，可以设置"有效距离"，当距离过大时，将忽略指定的点。

通过指定区域起点，可以将进刀位置指定在对零件加工质量影响最小的位置。指定区域起点后，系统将对齐进刀位置。

3. 预钻点

平面铣或者型腔铣刀轨的起始点通常是由系统内部处理器自动计算得到的。指定预钻孔进刀点，刀具先移动到指定的预钻孔进刀点位置，然后下到被指定的切削层高度，接着移动到处理器生成的开始点进入切削。

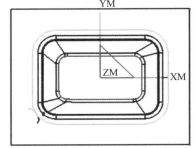

图 3-58　指定区域起点

在"预钻点"选项下选择点，即以该点为预钻点。一个工序可以指定多个预钻点，系统将自动以最近的点为实际使用的点。

在进行平面铣或型腔铣的粗加工时，为了改善下刀时的刀具受力情况，除了使用倾斜下刀或者螺旋下刀方式来改善进刀路径外，也可以使用预钻孔的方式，先钻好一个大于刀具直径的孔，在这个孔中下刀，然后水平进刀开始切削。

3.2.7　非切削移动-转移/快速

"转移/快速"选项卡指定如何从一个切削区域移动到另一个切削区域。"转移/快速"选项卡如图 3-59 所示，主要选项介绍如下。

1. 安全设置

切削加工过程将以该安全设置选项作为安全距离进行退刀。安全设置选项包括如下 4 种方式：

1）使用继承的：以几何体中设置的安全设置选项作为当前工序的安全设置选项。

2）无：不设置安全距离。

3）自动：以安全距离避开工件。安全距离是指当刀

图 3-59　"转移/快速"选项卡

具转移到新的切削位置或者当刀具进刀到规定的深度时，刀具与工件表面的距离。

4）平面：指定一个平面作为退刀安全平面。

最常用的选项是"使用继承的"，但在选择的几何体中一定要包含安全设置选项。

2. 区域之间

"区域之间"选项控制清除不同切削区域之间障碍的退刀、转移和进刀方式。常用的区域之间的转移类型有5个选项，图3-60所示为不同选项对应的示意图。

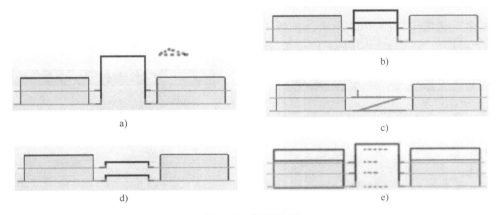

图 3-60 转移类型

a）安全距离-刀轴 b）前一平面 c）直接 d）安全距离-最短距离 e）毛坯平面

1）安全距离-刀轴：沿刀轴退刀到安全设置选项指定的平面高度。

2）前一平面：刀具将抬高到前一切削层上。

3）直接：不提刀，直接移动到下一个切削起点。

4）安全距离-最短距离：抬刀高度为一个最小安全值，并保证在工件上有最小安全距离。

5）毛坯平面：抬刀至毛坯平面之上。

通常来说，直接、安全距离-最短距离、前一平面、毛坯平面和安全距离-刀轴设置的抬刀高度是依次增加的，设置区域之间的转移类型必须考虑其安全性。

3. 区域内

"区域内"选项组设置同一切削区域范围中刀具的转移方式。需要指定转移方式和转移类型，可以使用的转移类型与区域之间相同。转移方式有如下3种：

1）进刀/退刀：以设置的进刀和退刀方式来实现转移。

2）抬刀/插铣：抬刀到一个指定的高度，再移动到下一行起始处插铣下刀，然后进入切削。

3）无：直接连接。

4. 初始和最终

"初始和最终"选项组指定初始加工逼近所采用的快速方式与最终离开时的快速方式，通常使用"安全设置选项"，以保证安全。

3.2.8 非切削移动-避让

"避让"选项卡如图3-61所示，用于定义刀具轨迹开始切削以前和切削以后的非切削移动的位置。包括以下 4 个类型的点，这些点可以用点构造器来定义。

1）出发点：用于定义新的刀轨开始段的初始刀具位置。

2）起点：定义刀轨起始位置，这个起始位置可以用于避让夹具或避免产生碰撞。

3）返回点：在切削程序终止时，定义刀具从零件上移到的位置。

4）回零点：定义最终刀具位置，往往设为与出发点位置重合。

3.2.9 非切削移动-更多

"更多"选项卡如图 3-62 所示，包括"碰撞检查"选项组与"刀具补偿"选项组，通常勾选"碰撞检查"，而"刀具补偿位置"则选择"无"，不进行刀具补偿。

图 3-61 "避让"选项卡

图 3-62 "更多"选项卡

3.2.10 非切削移动-光顺

"光顺"选项卡如图 3-63 所示，"光顺拐角"选项指定是否将光顺拐角应用于切削区域之间的运动，勾选"光顺拐角"和"光顺移刀拐角"选项后，生成刀轨示例如图 3-64 所示。

图 3-63 "光顺"选项卡

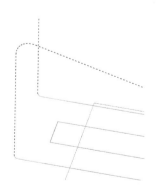

图 3-64 光顺拐角刀轨示例

3-2

【任务实施】

创建侧面精加工的型腔铣工序的步骤如下。

◆ 步骤 1　创建型腔铣工序

单击"插入"工具条中的"创建工序"按钮，在"创建工序"对话框中设置工序子类型为"型腔铣"，刀具为"T2-D25R5"，方法为"MILL_FINISH"，如图 3-65 所示。设置完成后单击"确定"按钮，打开"型腔铣"工序对话框，如图 3-66 所示。

图 3-65　"创建工序"对话框

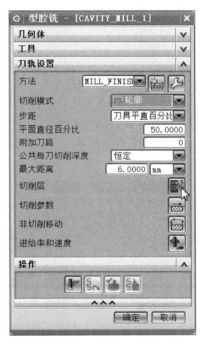

图 3-66　"型腔铣"工序对话框

◆ 步骤 2　刀轨设置

在"型腔铣"工序对话框的刀轨设置中选择切削模式为　"轮廓"。

◆ 步骤 3　设置切削层

在刀轨设置中单击"切削层"按钮，弹出"切削层"对话框，如图 3-67 所示。设置公共每刀切削深度的最大距离为"0.3mm"。

在列表中选择范围 4，单击按钮 ✕ 删除该范围。

再在列表中选择范围 2，在其右侧的范围深度值中输入"34"。

再选择范围 3，在其右侧的每刀切削深度中输入"0.4"，如图 3-68 所示。

在图形上显示的切削范围与切削层如图 3-69 所示。

单击"确定"按钮，返回"型腔铣"工序对话框。

◆ 步骤 4　设置切削策略参数

在"型腔铣"工序对话框中，单击"切削参数"按钮，打开"切削参数"对话框。

首先打开"策略"选项卡，设置切削顺序为"深度优先"，按区域进行加工，如图 3-70 所示。

图 3-67　"切削层"对话框

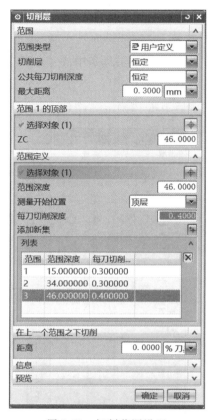

图 3-68　切削范围设置

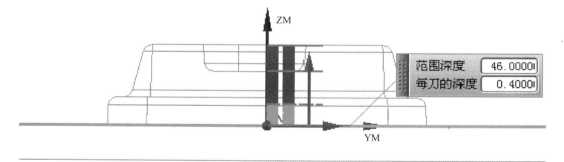

图 3-69　显示切削范围与切削层

◆ 步骤 5　设置余量参数

单击"切削参数"对话框顶部的"余量"标签，打开"余量"选项卡，如图 3-71 所示，设置所有余量均为"0"，内、外公差值为"0.003"。

设置完成后单击"确定"按钮，返回"型腔铣"工序对话框。

◆ 步骤 6　设置进刀选项

在"型腔铣"工序对话框中单击"非切削移动"按钮 ，打开"非切削移动"对话框，

图 3-70 "策略"选项卡

图 3-71 "余量"选项卡

首先显示"进刀"选项卡，设置封闭区域的进刀类型为"与开放区域相同"；开放区域的进刀类型为"圆弧"，半径为"3mm"，高度为"0mm"，最小安全距离为"无"，如图 3-72 所示。

◆ 步骤 7　设置起点/钻点参数

切换到"起点/钻点"选项卡，设置重叠距离为"2mm"，如图 3-73 所示。

展开"区域起点"选项组，单击"指定点"按钮，在零件模型上拾取下边线中点，如图 3-74 所示。

◆ 步骤 8　设置转移/快速参数

在"转移/快速"选项卡中，设置安全设置选项为"使用继承的"，指定区域之间的转移类型为"安全距离-刀轴"，区域内的转移类型为"直接"，如图 3-75 所示。

单击"确定"按钮，返回"型腔铣"工序对话框。

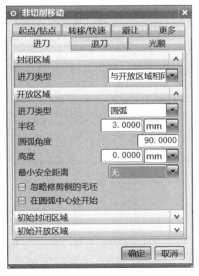

图 3-72 "进刀"选项卡

图 3-73 "起点/钻点"选项卡

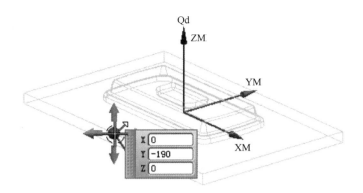

图 3-74　指定区域起点

◆ 步骤 9　设置进给率和速度

单击"进给率和速度"按钮，弹出"进给率和速度"对话框，设置表面速度（smm）为"300"，每齿进给量为"0.15"，单击"计算"按钮，得到主轴速度与切削进给率。

将切削进给取整，设置为"1200mmpm"，打开进给率下的"更多"选项组，设置进刀为"50%"切削进给率，如图 3-76 所示。

图 3-75　"转移/快速"选项卡　　　　　图 3-76　"进给率和速度"对话框

单击鼠标中键，返回"型腔铣"工序对话框。

◆ 步骤 10　生成刀轨

在"型腔铣"工序对话框中单击"生成"按钮，计算生成刀轨，生成的刀轨如图 3-77 所示。

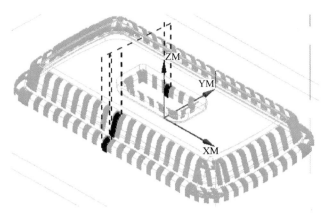

图 3-77　生成刀轨

◆ 步骤 11　检验刀轨

对生成的刀轨进行检验。图 3-78 所示为对中间部位的局部刀轨检验，也可以进行刀轨确认与可视化检验。

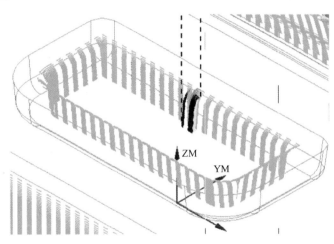

图 3-78　检验刀轨

◆ 步骤 12　确定工序

确认刀轨后单击工序对话框底部的"确定"按钮，接受刀轨并关闭工序对话框。

【精益求精】

创建侧面精加工工序时采用的是"轮廓"切削模式，只沿零件表面进行精加工。在完成本任务过程中，需要注意以下几点：

1）选择轮廓加工，附加刀路为"0"时，步距不起作用，无须设置。

2）在工序对话框中，可以不设置公共每刀切削深度，而直接在切削层设置中进行指定。

3）在切削层设置时，需要删除底部的范围，避免在底部生成多余的刀轨。

4）设置切削层时，指定上半部分的切削深度为"0.3"，而下半部分为"0.4"，需要为不同的切削范围指定每刀切削深度。

5）选择"深度优先"方式，将凹槽部分与外轮廓分开加工，避免过多的抬刀。

6）在进刀设置中，封闭区域的进刀类型选择与"开放区域相同"，在精加工时生成圆弧进/退刀的路径。

7）精加工侧壁时，设置一段重叠距离有助于消除进刀痕。

8）指定下方中点为起点，可以方便观察程序开始的加工位置。

9）在转移设置中，将区域内的转移类型设置为"直接"，以减少空行程。

10）在进给率设置中，先输入表面速度与每齿进给量，计算后再进行取整。

【挑战一下】

本任务采用型腔铣工序进行侧面的精加工，而实际更常用于精加工的工序类型是"深度轮廓铣"，可尝试以深度轮廓铣工序完成侧面精加工工序的创建。

任务 3-3　创建底部清根加工的深度轮廓铣工序

【任务目标】

➢ 了解深度轮廓铣工序的特点和应用。

➢ 掌握陡峭空间范围的设置方法。

➢ 掌握深度轮廓铣的连接参数的设置方法。

➢ 能正确设置参数，创建底部清根加工的深度轮廓铣工序。

【任务分析】

由于侧面加工采用了带圆角的刀具，因此会在根部留有残料，需要进行清根加工。同时在零件的底面上粗加工时也会留有余量，因此，底面也需要进行精加工。UG NX 提供了一种等高加工的深度轮廓铣工序，可以实现侧壁的精加工，且同时能加工水平面。

【知识链接：深度轮廓铣】

深度轮廓铣 📳（ZLEVEL_PROFILE）也称为深度轮廓加工，是一种特殊的型腔铣工序，只加工部件轮廓，与型腔铣中指定切削模式为"轮廓"加工类似。深度轮廓铣通常用于陡峭侧壁的精加工。

深度轮廓铣与型腔铣的差别如下：

1）深度轮廓铣可以指定陡峭空间范围，限定只加工陡峭区域。

2）深度轮廓铣可以设置更加丰富的层间连接策略。

3）深度轮廓铣不需要毛坯，可以直接针对部件几何体生成刀轨。

深度轮廓铣工序的创建步骤与型腔铣工序的创建步骤相同，在创建工序时选择工序子类型为深度轮廓铣 📳，打开图 3-79 所示的"深度轮廓铣"工序对话框，选择几何体，指定刀具，再进行刀轨设置，包括切削层、切削参数、非切削移动、进给率和速度等参数组的设置，完成所有设置后生成刀轨。

从工序对话框看，深度轮廓铣工序的大部分选项与型腔铣是相同的。在刀轨设置中，不需要选择切削模式，增加了陡峭空间范围、合并距离和最小切削深度等参数。另外，在切削参数的选项中也有部分参数有所不同。下面具体介绍深度轮廓铣特有的参数。

1. 陡峭空间范围

深度轮廓铣与型腔铣中指定切削模式为轮廓的最大差别在于深度轮廓铣可以区别陡峭程度，只加工陡峭的壁面。陡峭空间范围可以选择"无"或者"仅陡峭的"。

陡峭空间范围设置为"无"，整个部件轮廓将被加工，如图 3-80 所示。

陡峭空间范围设置"仅陡峭的"，需要指定角度。只有陡峭度大于指定陡峭"角度"的区域被加工，非陡峭区域不加工。图 3-81 所示为指定陡角为"65"产生的刀轨。

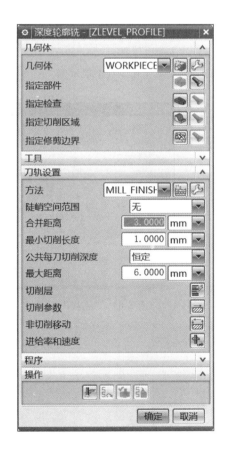

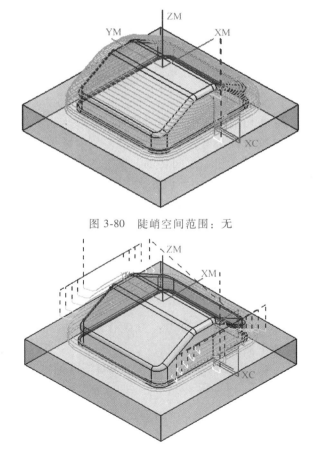

图 3-80　陡峭空间范围：无

图 3-79　"深度轮廓铣"工序对话框

图 3-81　陡峭空间范围：仅陡峭的

深度轮廓铣更适合陡壁面的精加工，而非陡峭区域要首选区域轮廓铣来进行精加工。

2. 合并距离

"合并距离"参数用于将小于指定距离的切削移动的结束点连接起来，以消除不必要的进/退刀。

当生成的刀轨有较多的很接近的退刀与进刀路径时，可以将合并距离稍稍改大些。

3. 最小切削长度

"最小切削长度"参数用于消除小于指定值的刀轨段。

4. 切削层

在深度轮廓铣的切削层选项中，除"恒定""仅在范围底部"外，还可以选择"最优化"，如图 3-82 所示。切削层使用"最优化"选项，系统将根据不同的陡峭程度来设置切削层，使加工后的表面残余相对一致。图 3-83 所示为切削层使用"最优化"的刀轨示例。

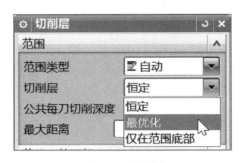

图 3-82　切削层

图 3-83　"最优化"切削层示例

5. 层到层

在切削参数中打开"连接"选项卡，如图 3-84 所示，其参数设置与型腔铣有较大的差别。需要设置"层到层"的连接方式和"层间切削"的相关参数。

"层到层"用于设置上一层向下一层转移时的移动方式。层到层有以下 4 个选项，不同移动方式的应用示例如图 3-85 所示。

1）使用转移方法：刀具使用非切削移动中设置的转移方法，使用转移方法通常要抬刀。

2）直接对部件进刀：刀具直接沿着加工表面下插到下一切削层。

图 3-84　"连接"选项卡

3）沿部件斜进刀：刀具沿着加工表面按一定角度倾斜地下插到下一切削层。

4）沿部件交叉斜进刀：刀具沿着加工表面倾斜下插，但起点在前一切削层的终点。

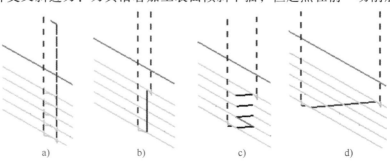

图 3-85　层到层

a）使用转移方法　b）直接对部件进刀　c）沿部件斜进刀　d）沿部件交叉斜进刀

当层到层选择"沿部件斜进刀"或者"沿部件交叉斜进刀"时，需要设置斜坡角。斜坡角表示倾斜向下的角度。

使用转移方法需要抬刀，空行程较多；直接对部件进刀路径最短，但形成的进刀痕最明显；沿部件交叉斜进刀相对来说进刀痕较小，并且不在同一位置分布。

如果切削层之间无法直接进刀，在遇到非封闭的切削区域时，则会使用转移方法。

6. 层间切削

"层间切削"选项可以在一个深度轮廓铣工序中同时对陡峭区域和非陡峭区域加工。勾选此选项，可在等高加工中的切削层间存在间隙时创建额外的切削。"层间切削"可消除在标准层到层加工工序中留在浅区域中的相对较大的残余量。图 3-86 所示为层间切削应用示例。

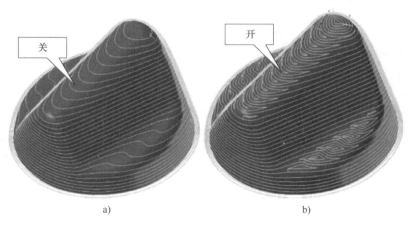

图 3-86 层间切削

a) 关闭"层间切削"　b) 打开"层间切削"

使用层间切削生成的刀轨类似于区域轮廓铣中指定非陡峭切削模式为"跟随周边"时生成的刀轨，在部件的轮廓表面生成刀轨，可以不在同一水平高度。

勾选"层间切削"后，需要设置"步距"与"短距离移动时的进给"。

1）步距：指定水平切削步距，可以选择使用切削深度、恒定、刀具直径百分比和残余高度方式进行指定。

2）短距离移动时的进给：在层间移动时的移动距离较小时，可以选择进给方式，关闭该选项将采用转移策略指定的方法。

7. 在刀具接触点下继续切削

"在刀具接触点下继续切削"选项用于指定当零件下方出现空的区域，即不存在刀具接触点时是否继续切削。

在"切削参数"对话框的"策略"选项卡中，打开或关闭"在刀具接触点下继续切削"选项的应用示意图如图 3-87 所示。

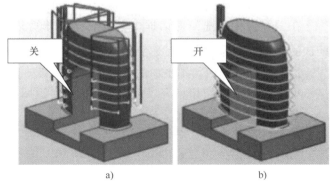

图 3-87 在刀具接触点下继续切削

a) 关闭"在刀具接触点下继续切削"

b) 打开"在刀具接触点下继续切削"

【任务实施】

创建底部清角与底面精加工的深度轮廓铣工序的步骤如下。

◆ 步骤 1　创建深度轮廓铣工序

3-3

单击"插入"工具条中的"创建工序"按钮，在"创建工序"对话框中设置子类型为"深度轮廓铣"，刀具为"T3-D16R0"，如图 3-88 所示。确认选项后单击"确定"按钮，打开"深度轮廓铣"工序对话框，如图 3-89 所示。

图 3-88　"创建工序"对话框

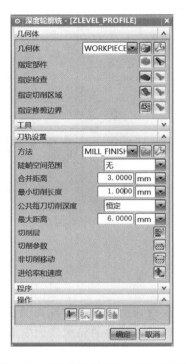

图 3-89　"深度轮廓铣"工序对话框

◆ 步骤 2　指定修剪边界几何体

在"深度轮廓铣"对话框中单击"指定修剪边界"按钮，弹出"修剪边界"对话框，默认的选择方法为"面"，指定修剪侧为"外侧"，如图 3-90 所示。

拾取零件的底面，则平面的外边缘将成为修剪边界几何体，如图 3-91 所示。

单击"确定"按钮，完成修剪边界指定，返回"深度轮廓铣"工序对话框。

◆ 步骤 3　刀轨设置

在"深度轮廓铣"对话框的"刀轨设置"选项组中，设置公共每刀切削深度为"恒定"，最大距离为"0.2mm"。

◆ 步骤 4　设置切削层

在"深度轮廓铣"对话框中单击"切削层"按钮，打开"切削层"对话框。设置切削层为"最优化"，指定范围 1 的顶部 ZC 坐标值为"5"，则系统自动计算范围 1 的范围深度为"5"，如图 3-92 所示。在图形区显示的切削层如图 3-93 所示。

图 3-90 "修剪边界"对话框

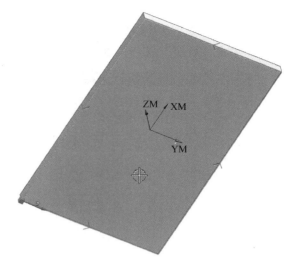

图 3-91 指定修剪边界

图 3-92 "切削层"对话框

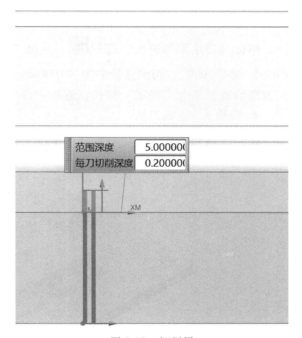

图 3-93 切削层

单击"确定"按钮,返回"深度轮廓铣"工序对话框。

◆ 步骤 5 设置切削参数

在"深度轮廓铣"工序对话框中单击"切削参数"按钮 ,打开"切削参数"对话框,单击"连接"标签,设置"连接"参数如图 3-94 所示。层到层选择"沿部件交叉斜进刀"方式,并勾选"层间切削"选项,设置步距为"恒定",最大距离为"8mm"。

单击"确定"按钮,返回"深度轮廓铣"工序对话框。

◆ 步骤 6 设置非切削移动

在"深度轮廓铣"工序对话框中单击"非切削移动"按钮，设置进刀参数如图 3-95 所示，开放区域的进刀类型为"圆弧"，半径为"3mm"，高度为"1mm"，最小安全距离为"无"。单击"确定"按钮，返回"深度轮廓铣"工序对话框。

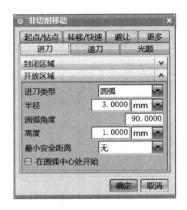

图 3-94　"连接"选项卡　　　　　　　　图 3-95　"进刀"选项卡

◆ 步骤 7　设置进给率和速度

单击"进给率和速度"按钮，弹出"进给率和速度"对话框。直接设置主轴速度（rpm）为"3000"，切削进给率为"1000mmpm"，单击"计算"按钮，得到表面速度与每齿进给量。单击"确定"按钮，返回"深度轮廓铣"工序对话框。

◆ 步骤 8　生成刀轨

在"深度轮廓铣"工序对话框中单击"生成"按钮，计算生成刀轨，生成的刀轨如图 3-96 所示。

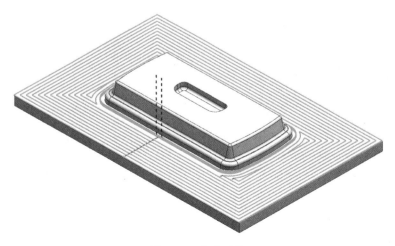

图 3-96　生成刀轨

◆ 步骤 9　检验刀轨

对生成的刀轨进行检验，从不同视角进行局部刀轨检验，也可以进行刀轨确认与可视化检验。

◆ 步骤 10　确定工序

确认刀轨后单击工序对话框底部的"确定"按钮，接受刀轨并关闭工序对话框。

【精益求精】

深度轮廓铣工序常用于陡峭壁面的精加工或半精加工，在创建深度轮廓铣工序时，需要注意以下几点：

1）创建深度轮廓铣工序无须指定毛坯，但一定要指定部件，因而直接使用指定了部件的工件几何体将方便工序的创建。

2）指定修剪边界几何体可以保证不在平面以外生成刀轨。

3）层到层选择"沿部件交叉斜进刀"可以减少抬刀次数，并且减少进刀痕。

4）勾选"层间切削"选项，可以在侧面加工的同时进行水平面的加工，需要指定层间切削的步距。

5）层到层使用"沿部件交叉斜进刀"生成的刀轨只有一次的进刀与退刀，因而在非切削移动设置时相对简化。

【挑战一下】

本任务采用深度轮廓铣工序进行清根与底面的精加工，通常也会将清根与底面加工分别进行，请按照清根与底面分别加工的方式进行编程。

任务 3-4　创建凹槽角落加工的深度加工拐角工序

【任务目标】

➢ 掌握深度加工拐角工序的特点与应用。

➢ 了解参考刀具及其作用。

➢ 能正确设置参数，创建深度加工拐角工序。

【任务分析】

本项目中的顶部凹槽使用 D25R5 的刀具进行精加工，但由于凹槽角落的半径值小于12.5mm，因此会留有残料，需要单独对角落进行加工。UG NX 提供了一种用于拐角精加工的工序子类型——深度加工拐角。

【知识链接：深度加工拐角】

深度加工拐角（ZLEVLE_CORNER）只沿轮廓侧壁加工，清除前一刀具加工后残留的部分材料，是一种角落精加工的方式。深度拐角加工可以指定切削区域和设置陡峭空间范围，特别适用于垂直方向的清角加工。

"深度加工拐角"工序对话框如图 3-97 所示，与深度轮廓铣工序的设置基本相同，增加了一个"参考刀具"参数。在"切削参数"对话框的"空间范围"选项卡中，也有"参考刀具"选项，另外还增加了一个"重叠距离"参数，如图 3-98 所示。

1. 参考刀具

创建深度加工拐角工序时，如果使用的较小直径的刀具参考了较大直径的刀具，则较小直径的刀具仅移除较大直径的刀具未切削的材料。图 3-99 所示为使用较小直径刀具并且设置了参考刀具后的深度加工拐角示例。

"参考刀具"选项用于选择前一加工刀具，可以在下拉列表中选择一个刀具作为参考刀具，也可以新建一个刀具，与刀具组中设置相同。

参考刀具直径的大小将决定残余毛坯的大小以及本次加工的切削区域。在设置参考刀具时，不一定是前面工序使用的刀具，可以按需要的直径大小自行定义。

2. 重叠距离

"重叠距离"选项可以将当前工序的刀轨延伸指定的距离，使其与参考刀具的切削区域重叠。

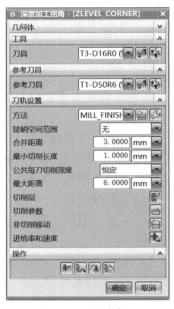

图 3-97 "深度加工拐角"工序对话框

图 3-98 "空间范围"选项卡

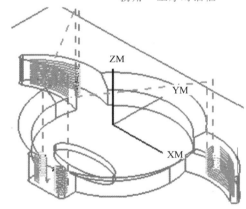

图 3-99 深度加工拐角示例

【任务实施】

创建凹槽角落加工的深度加工拐角工序的步骤如下。

3-4

◆ 步骤 1　创建工序

单击"插入"工具条中的"创建工序"按钮 🖋，设置工序子类型为"深度加工拐角"🖋，刀具为"T4-D10R5"，确认选项后单击"确定"按钮，打开"深度加工拐角"工序对话框。

◆ 步骤 2　指定参考刀具

在"深度加工拐角"工序对话框中选择参考刀具为"T2-D25R5"。

◆ 步骤 3　刀轨设置

在"深度加工拐角"工序对话框的"刀轨设置"选项组中设置陡峭空间范围为"仅陡峭的",角度为"0.1";指定公共每刀切削深度为"恒定",最大距离为"0.3mm",如图 3-100 所示。

◆ 步骤 4　指定切削区域

单击"指定切削区域"按钮，选择凹槽部分的曲面，如图 3-101 所示。单击"确定"按钮，返回"深度加工拐角"工序对话框。

◆ 步骤 5　设置切削层

单击"切削层"按钮 ，打开"切削层"对话框。设置切削层为"最优化"，如图 3-102 所示。单击"确定"按钮，返回"深度加工拐角"工序对话框。

◆ 步骤 6　设置切削参数

单击"切削参数"按钮 ，打开"切削参数"对话框，设置"策略"选项卡中的切削顺序为"深度优先"，如图 3-103 所示。切换到"空间范围"选项卡，设置重叠距离值为"0.5"，如图 3-104 所示。单击"确定"按钮，返回"深度加工拐角"工序对话框。

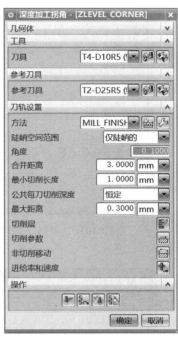

图 3-100　"刀轨设置"选项组

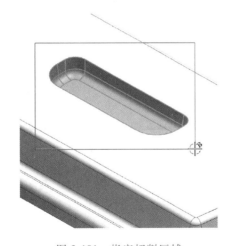

图 3-101　指定切削区域

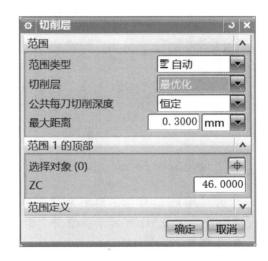

图 3-102　"切削层"对话框

◆ 步骤 7　设置非切削移动

单击"非切削移动"按钮 ，打开"光顺"选项卡，勾选"替代为光顺连接"，设置最大步距为"200%刀具直径"，如图 3-105 所示。单击"确定"按钮，返回"深度加工拐角"工序对话框。

◆ 步骤 8　设置进给率和速度

单击"进给率和速度"按钮 ，弹出"进给率和速度"对话框，直接设置主轴速度

图 3-103 "策略"选项卡

图 3-104 "空间范围"选项卡

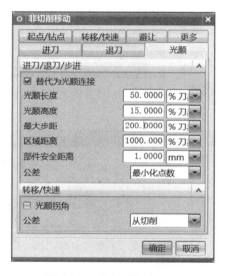

图 3-105 "光顺"选项卡

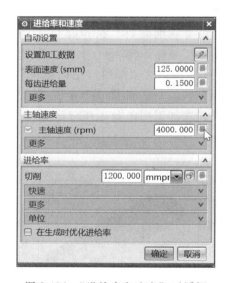

图 3-106 "进给率和速度"对话框

（rpm）为"4000"，切削进给率为"1200mmpm"，单击"计算"按钮，得到表面速度与每齿进给量，如图 3-106 所示。单击"确定"按钮，返回"深度加工拐角"工序对话框。

◆ 步骤 9   生成刀轨

在"深度加工拐角"工序对话框中单击"生成"按钮，计算生成刀轨，生成的刀轨如图 3-107 所示。

◆ 步骤 10   检验刀轨

对生成的刀轨进行检验，从不同视角进行检验，图 3-108 所示为局部放大的刀轨。

◆ 步骤 11   确定工序

确认刀轨后单击工序对话框底部的"确定"按钮，接受刀轨并关闭工序对话框。

◆ 步骤 12   确认刀轨

单击"程序顺序"按钮，显示工序导航器-程序顺序视图，选择根节点"NC_PROGRAM"。

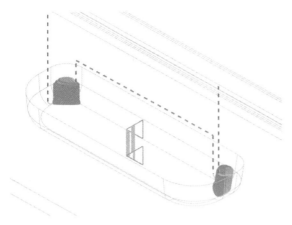

图 3-107　生成刀轨

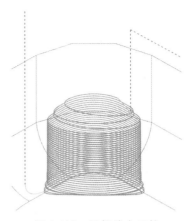

图 3-108　局部放大刀轨

在工具条中单击"确认刀轨"按钮 ，系统打开"刀轨可视化"对话框，选择"3D 动态"选项卡，再单击下方的"播放"按钮 ，在图形上将进行实体切削仿真。图 3-109 所示为仿真切削结果。

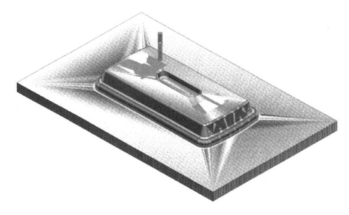

图 3-109　3D 动态刀轨仿真结果

◆ 步骤 13　分析

单击"刀轨可视化"对话框中的"分析"按钮，系统将在图形上以不同颜色显示加工完成与部件表面的差值，并可以选择面上的点分析其最小距离，如图 3-110 所示。

单击"确定"按钮完成刀轨确认。

◆ 步骤 14　保存文件

单击工具栏顶部的"保存"按钮，保存文件。

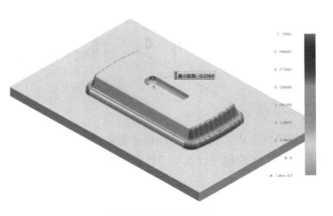

图 3-110　分析结果

【精益求精】

应用深度加工拐角工序创建凹槽角落加工的工序，可以自动识别前一刀具加工残余的部分，只在角落部位生成刀轨。完成本任务需要注意以下几点：

1）指定切削区域可以避免在非加工区域生成刀轨，同时也能加快计算速度。

2）参考刀具必须指定为在当前切削区域前一精加工工序所使用的刀具。

3）切削层设置为"最优化"，可以底部圆角生成额外的切削层，保证加工残余量较少。

4）设置合适的重叠距离可以保证两次加工的切削区域间有良好的连接。

5）非切削移动采用"光顺"方式，则不再设置进退刀选项。采用光顺连接可以避免切削刀轨的方向突变与进给率突变，保证加工过程的平稳。

6）在加工完成后，必须要进行检验，应用 3D 动态仿真进行检验，并可以应用分析工具，查看加工表面与部件表面理论上的差距。

7）对于存在较小直径角落的零件，不可直接使用很小直径的刀具进行整体的精加工，这样加工效率较低，并且加工成本较高。

【挑战一下】

本任务采用深度加工拐角工序进行凹槽角落的加工，如果采用深度轮廓铣工序能否完成角落加工？

拓展知识：自适应铣削

3-5

采用型腔铣进行粗加工，在切除余量时可能会使用完整刀具直径，导致切削负荷突变。UG NX12.0 版本增加了自适应铣削工序（ADAPTIVE_MILLING），在垂直于固定轴的平面切削层使用自动适应切削模式对一定量的材料进行粗加工，同时维持进刀一致。与传统切削方法相比，自适应铣削工序能够提高生产效率，延长刀具寿命。具体应用请扫描二维码进行学习。

练习与评价

【回顾总结】

本项目完成了工具箱盖凸模的数控编程，通过 4 个任务介绍了 UG NX 软件编程中型腔铣及其子类型工序的创建以及与刀轨设置相关的知识与技能。图 3-111 所示为本项目的思维导图。

【自测项目】

完成图 3-112 所示某盒体凸模（E3. prt）的数控加工程序的创建。

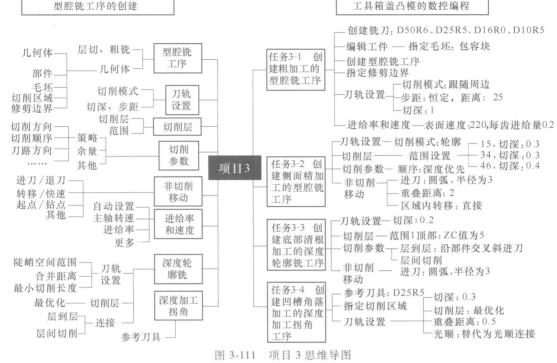

图 3-111 项目 3 思维导图

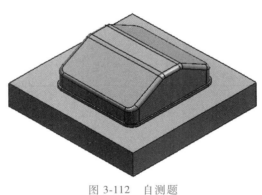

图 3-112 自测题

具体工作任务如下：

1) 创建坐标系几何体与工件几何体。

2) 创建刀具 T1-D25R5、T2-D16。

3) 创建粗加工工序。

4) 创建侧面精加工工序。

5) 创建底面精加工工序。

6) 创建底部清角加工工序。

7) 后置处理生成 NC 程序文件。

【思考练习】

1. 指定切削区域几何体有何作用，在何种情况下应用？

2. 封闭区域常用的进刀方式有哪几种？开放区域常用的进刀方式有哪几种？

3. 型腔铣刀轨设置中，切削模式有哪几种，各有什么特点？

4. 切削顺序选项中的"层优先"与"深度优先"有何区别？

5. 创建型腔铣工序时，切削层如何进行增加、删除和调整？

6. 深度轮廓铣与型腔铣有何异同点？

7. 深度轮廓铣中，层到层有几种方法？

8. 深度加工拐角与深度轮廓铣有何差异？

【学习评价】

序号	评价内容	达成情况		
		优秀	合格	不合格
1	扫描二维码完成基础知识测验题,测验成绩			
2	能正确指定型腔铣的切削区域、修剪边界几何体			
3	能正确设置型腔铣工序的刀轨设置参数			
4	能正确设置型腔铣工序的切削层参数			
5	能正确设置切削参数与非切削移动选项			
6	能正确设置深度轮廓铣的切削层参数与切削参数			
7	能合理设置参数,完成型腔铣工序的创建			
8	能合理设置参数,完成深度轮廓铣工序的创建			
9	能合理设置参数,完成深度加工拐角工序的创建			
10	能完成各任务的"挑战一下"			
综合评价				

存在的主要问题：_____

_____

_____

项目 4

泵盖的数控编程

【项目概述】

本项目要求完成一个泵盖零件（图 4-1）的数控加工程序的编制，零件材料为铝合金，零件文件为 "T4. prt"。

这一零件需要加工顶面、外轮廓、凹槽和孔，其中外轮廓与凹槽应该分粗加工和精加工进行。通过对本项目的学习，学生应掌握 UG NX 编程中平面铣与钻孔工序的创建与应用。

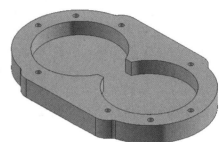

图 4-1　泵盖零件

【项目目标】

➢ 了解面铣、平面铣和底壁加工的特点与应用。
➢ 掌握面铣的刀轨设置参数。
➢ 掌握平面铣的几何体类型及其选择方法。
➢ 掌握平面铣的切削层设置方法。
➢ 掌握钻孔的特征几何体指定方法。
➢ 掌握钻孔的循环设置。
➢ 能够正确设置参数，创建平面铣工序。
➢ 能够正确创建顶面加工的面铣工序。
➢ 能够创建侧面精加工的平面轮廓铣工序。
➢ 能够创建凹槽精加工的底壁铣工序。
➢ 能够正确创建钻孔加工的钻孔工序。

任务 4-1　创建顶面加工的面铣工序

【任务目标】

➢ 了解面铣的特点与应用。
➢ 能够正确选择面铣的几何体。
➢ 能够合理设置面铣的切削参数。

➤ 能够正确设置参数，创建面铣工序。

【任务分析】

零件毛坯的厚度大于零件的厚度，需要对顶面进行加工，以获得正确的高度尺寸。零件的上表面是一个平面，UG NX 提供了一种专用于平面铣削的工序子类型——面铣。进行面铣加工时，可以选择较大直径的刀具进行加工。

【知识链接：面铣】

UG NX 提供了一个平面铣类型"mill_planar"，如图 4-2 所示，可以创建的工序子类型包括底壁铣、带 IPW 的底壁铣、面铣、手工面铣、平面铣、平面轮廓铣、清理拐角、精铣壁、精铣底面、槽铣、孔铣、螺纹铣和平面文本等。

用平面铣类型"mill_planar"下的各工序子类型创建的 2.5 轴加工工序，在加工过程中产生在水平方向的 X、Y 两轴联动，而 Z 轴方向只在完成一层加工后进入下一层时才进行单独的动作。

面铣是一种特殊的平面铣加工，它以面的边界为加工对象。面铣最适合切削实体的上平面，如进行毛坯顶面的加工。

在"创建工序"对话框中，选择类型为"mill_planar"，选择工序子类型为"面铣" 。

图 4-2 "创建工序"对话框

4.1.1 面铣的几何体选择

面铣是以面的边界为加工对象的，面铣的几何体组如图 4-3 所示。面铣通常要指定面边界，还可以指定部件、检查体和检查边界。"检查几何体"或"检查边界"允许指定体或边界用于表示夹具等需要避让的几何体，生成的刀轨将避开这些区域。

"指定部件"用于表示完成的部件，如果在切削中设置切削区域为"延伸到部件轮廓"，可以只指定部件，而无须指定面边界，生成的刀轨如图 4-4 所示。

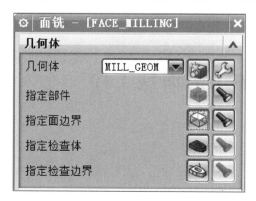

图 4-3 面铣的几何体组

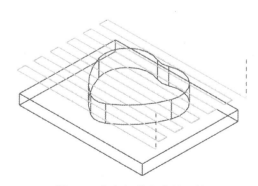

图 4-4 指定部件生成的刀轨

"指定面边界"用来确定加工范围和加工平面高度,指定面边界实际就是指定封闭的毛坯边界,由边界内部的材料指明要加工的区域。

单击"指定面边界"按钮,将弹出图 4-5 所示的"毛坯边界"对话框。

毛坯边界的选择方法包括面、曲线和点 3 种方式:使用面方式时,通常选择平的面,以面的外边缘作为面铣的毛坯边界;使用曲线或者点方式时,则需要选择曲线或点来定义一个封闭的边界。

刀具侧指定刀具在当前所选边界的侧边,也就是要加工的侧边为"外侧"还是"内侧",通常只有单个边界时需要指定刀具侧为"内侧"。

如要所选择的面带有凸台,且不取消勾选"忽略岛"选项,则系统会自动选中多个边界,外部边界的刀具侧为"内侧",而内部边界的刀具侧为"外侧",如图 4-6 所示。

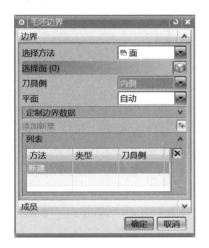

图 4-5 "毛坯边界"对话框

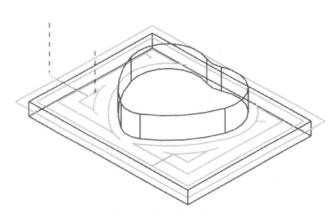

图 4-6 选择带凸台的面

面铣的刀轴方向默认是"垂直于第一个面",因此选择的第一个面边界必须是与刀轴垂直的。

4.1.2 面铣的刀轨设置

"面铣"工序对话框的刀轨设置如图 4-7 所示,刀轨设置中大部分参数是与型腔铣工序相同的,可以选择切削模式,指定步距,并可以通过设置毛坯距离、最终底面余量和每刀切削深度来实现多层加工。另外还需要进行切削参数、非切削移动、进给率和速度的设置。

1. 毛坯距离与最终底面余量

毛坯距离定义了要去除的材料总厚度,最终底面余量定义了在面几何体的上方剩余不需要切削材料的厚度。

毛坯距离与最终底面余量的差值为加工的总厚度,当两者的差值为"0"或者每一刀的深度为"0"时,将只生成一层的刀轨;而毛坯距离与最终底面余量的差值大于"0"并且每刀切削深度不为"0"时,将进行分层加工,从零件表面向上偏置产生多层刀轨,层间的距离为每刀切削深度值,如图 4-8 所示。

最终底面余量是在指定的面边界上方的余量,可以设置为负值向下偏置。最终底面余量

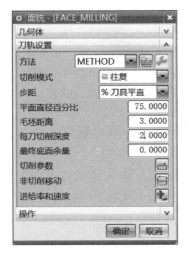

图 4-7　面铣的刀轨设置

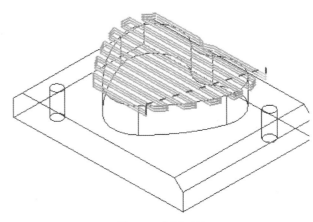

图 4-8　多层刀轨

与部件几何体无关，生成刀轨可以过切部件。

指定毛坯距离与每刀切削深度后，系统从毛坯距离高度开始计算切削层，最后一层的高度可能小于每刀切削深度。

2. 切削区域

面铣的切削参数大部分为通用参数，在"切削参数"对话框的"策略"选项卡中，有"切削区域"选项组，如图 4-9 所示。

（1）毛坯距离　指定面上的毛坯切削总余量，与刀轨设置界面的毛坯距离是同一参数。

（2）延伸到部件轮廓　勾选该选项将以部件轮廓投影到面上的边界作为切削区域，如图 4-10 所示。

图 4-9　"策略"选项卡

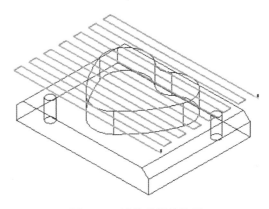

图 4-10　延伸到部件轮廓

（3）简化形状　可以选择"凸包"或者"最小包围盒"，通过该选项的设置可以将小尺寸的角落忽略，成为规则形状，从而减少抬刀，如图 4-11 所示。

（4）刀具延展量　指定刀具在切削边界向外延展的距离，可以采用刀具的百分比或者直接指定距离值的方法来指定延展距离。图 4-12 所示为不同刀具延展量的刀轨示例。

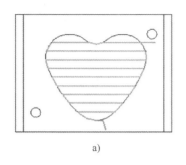 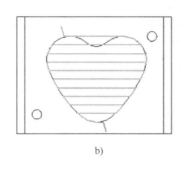 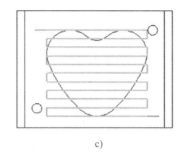

图 4-11　简化形状

a）无　b）凸包　c）最小包围盒

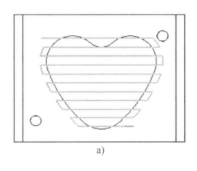 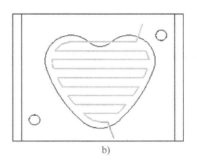

图 4-12　不同刀具延展量的刀轨示例

a）刀具延展量为 100%　b）刀具延展量为 0

【任务实施】

进入加工模块进行初始化设置，再创建顶面加工的面铣工序的步骤如下。

4-1

◆ 步骤 1　打开部件文件

启动 UG NX 软件，打开文件名为 "T4. prt" 的泵盖模型文件。

◆ 步骤 2　进入加工模块

在工具条顶部单击 "应用模块" 标签，再在 "应用模块" 选项卡中单击 "加工" 按钮，弹出 "加工环境" 对话框，选择 "要创建的 CAM 设置" 为 "mill_planar"，如图 4-13 所示。单击 "确定" 按钮，完成加工环境的初始化设置。

◆ 步骤 3　创建刀具

单击 "创建刀具" 按钮，系统弹出 "创建刀具" 对话框，设置类型为面铣刀，名称为 "T1-D50"，单击 "应用" 按钮，打开 "铣刀-5 参数" 对话框，设置刀具直径为 "50"，刀刃数为 "4"，刀具号为 "1"，如图 4-14 所示。单击 "确定" 按钮，完成创建铣刀 "T1-D50"。

创建名称为 "T2-D25" 的铣刀，设置刀具直径为 "25"，下半径为 "0"，刀具号为 "2"，单击 "确定" 按钮，完成创建刀具 "T2-D25"。

创建名称为 "T3-D10" 的铣刀，设置刀具直径为 "10"，下半径为 "0"，刀具号为 "3"，单击 "确定" 按钮，完成创建刀具 "T3-D10"。

图 4-13　加工环境初始化

图 4-14　设置刀具参数

◆ 步骤 4　显示工序导航器-几何视图

单击屏幕左侧的"工序导航器"按钮 ![ ]，显示工序导航器，单击工具条上的"几何"按钮 ![ ]，切换到几何视图，单击"+"号展开下级对象，如图 4-15 所示。

◆ 步骤 5　编辑坐标系几何体

双击坐标系几何体"MCS_MILL"进行编辑，在"MCS 铣削"对话框的"安全设置"选项组下，指定安全设置选项为"自动平面"，安全距离值为"30"，如图 4-16 所示。单击"确定"按钮，完成几何体"MCS_MILL"的编辑。

图 4-15　工序导航器-几何视图

图 4-16　"MCS 铣削"对话框

◆ 步骤 6　编辑工件几何体

双击工序导航器中的工件几何体"WORKPIECE"，系统将打开"工件"对话框，如图 4-17 所示。

单击"指定部件"按钮 ![ ]，在图形区拾取实体为部件几何体，如图 4-18 所示。单击"确定"按钮，完成部件几何体的选择并返回"工件"对话框。

图 4-17 "工件"对话框

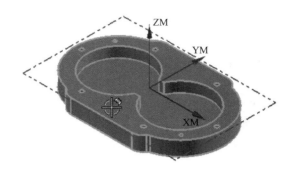

图 4-18 指定部件

单击"指定毛坯"按钮 🎲，弹出"毛坯几何体"对话框，指定类型为"包容块"，并设置 XM+、XM−、YM+、YM−方向的限制均为"5"，ZM+方向限制为"2"，在图形区将显示毛坯范围，如图 4-19 所示。单击"确定"按钮，完成毛坯几何体的指定并返回"工件"对话框。

单击"确定"按钮，完成工件几何体的编辑。

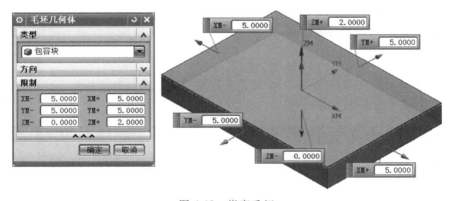

图 4-19 指定毛坯

◆ 步骤 7　创建面铣工序

单击"创建工序"按钮 🎬，在"创建工序"对话框中选择工序子类型为"面铣" 🎬，如图 4-20 所示。选择刀具为"T1-D50"，几何体为"WORKPIECE"，单击"确定"按钮，打开"面铣"工序对话框。

◆ 步骤 8　刀轨设置

在"面铣"工序对话框中，设置切削模式为"往复"，步距为刀具平面直径的 75%，毛坯距离为"2"，每刀切削深度为"1.5"，如图 4-21 所示。

◆ 步骤 9　设置切削参数

单击"切削参数"按钮 🔲，弹出"切削参数"对话框，如图 4-22 所示。设置"策略"选项卡中的"切削区域"选项组参数。勾选"延伸到部件轮廓"选项，设置简化形状为"最小包围盒"，刀具延展量为"60% 刀具直径"。单击"确定"按钮，返回"面铣"工序对话框。

◆ 步骤 10　设置非切削移动

在"面铣"工序对话框中单击"非切削移动"按钮 ，弹出"非切削移动"对话框。

图 4-20　"创建工序"对话框

图 4-21　"面铣"工序对话框

设置进刀参数，如图 4-23 所示。设置开放区域的进刀类型为"线性"，长度为"50%刀具直径"，最小安全距离为"仅延伸"。

图 4-22　"切削参数"对话框

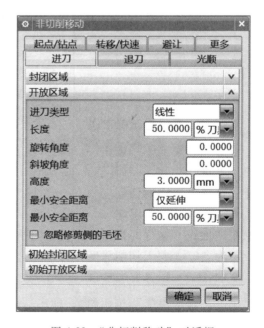

图 4-23　"非切削移动"对话框

切换到"退刀"选项卡，设置退刀类型为"无"。

单击"确定"按钮，完成非切削移动参数的设置并返回"面铣"工序对话框。

◆ 步骤 11　设置进给率和速度

单击"进给率和速度"按钮![icon]，设置主轴速度（rpm）为"1000"，切削进给率为"600mmpm"。单击后方的"计算"按钮，进行计算，最后单击"确定"按钮，返回"面铣"工序对话框。

◆ 步骤 12　生成刀轨

单击"生成"按钮![icon]，计算生成刀轨。生成的刀轨如图 4-24 所示。

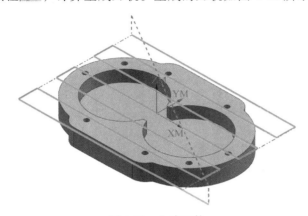

图 4-24　生成刀轨

◆ 步骤 13　检视刀轨

在图形区通过旋转、平移、放大视图转换视角，从不同角度对刀轨进行查看。

◆ 步骤 14　确定工序

确认刀轨后单击"面铣"工序对话框底部的"确定"按钮，接受刀轨并关闭工序对话框。

【精益求精】

面铣是最适用顶面加工的一种工序子类型，在完成本任务过程中，应当注意以下几点。

1）在进入加工模块时，选择"要创建的 CAM 设置"为"mill_planar"，直接指定了类型，否则在创建工序时要选择类型为"mill_planar"。

2）创建工件几何体可以用于仿真确定，如果没有指定毛坯，平面铣工序将不能进行 2D 动态或 3D 动态的可视化确认。

3）创建毛坯几何体时，需要指定一定量的偏置值。

4）在本任务的工件几何体中已经指定了部件几何体，创建面铣工序时没有指定面边界，在切削参数中直接指定为"延伸到部件轮廓"，将以部件的最大边界并投影到部件顶面作为面边界。

5）将简化形状设置为"最小包容盒"，生成的刀轨可以加工毛坯的顶面。

6）面边缘不能有残余，但加工时也不需要超出太多，在设置刀具延展量后应该在生成刀轨后查看是否合适，如不合适要进行修改。

7）毛坯顶部的残余量较大或者残余量很不均匀时，应该采用多层加工。

8）由于进刀距离较长，设置退刀为"无"直接抬刀，可以减少空行程。

【挑战一下】

本任务采用面铣方式进行顶面的粗加工，并且没有指定面边界。请尝试使用型腔铣方式完成顶面加工工序的创建。

任务 4-2　创建泵盖粗加工的平面铣工序

【任务目标】

➢ 了解平面铣与型腔铣的异同。
➢ 掌握平面铣工序的特点与应用。
➢ 掌握平面铣应用的几何体类型。
➢ 理解平面铣切削层选项设置的意义。
➢ 能够正确选择边界几何体。
➢ 能够合理设置平面铣的切削层。
➢ 能够正确设置参数，创建平面铣工序。

【任务分析】

零件的外轮廓与凹槽侧壁均是一个垂直面，上下形状完全一致，可以使用 UG NX 的平面铣工序进行粗加工工序的创建。

【知识链接：平面铣】

4.2.1　平面铣简介

平面铣在加工过程中产生在水平方向的 X、Y 两轴联动，而 Z 轴方向只在完成一层加工后进入下一层时才进行单独的动作。

平面铣只能加工与刀轴垂直的几何体，所以平面铣加工的是直壁垂直于底面的零件。平面铣建立的平面边界定义了零件几何体的切削区域，并且一直切削到指定的底平面为止。每一层刀轨除了深度不同外，形状与上一个或下一个切削层严格相同。

1. 平面铣与型腔铣的相同点

平面铣和型腔铣工序都是在水平切削层上创建的刀轨，用来去除工件上的材料余量，两者有很多相同或相似之处，具体如下：

1）二者的刀具轴都垂直于切削层平面，生成的刀轨都是按层进行切削的，完成一层切削后再进行下一层的切削。

2）刀轨所用的切削方法基本相同，都包含区域切削和轮廓铣削。

3）大部分的选项参数相同，如刀轨设置中的切削参数、非切削移动、进给率和速度以及机床控制等选项。

2. 平面铣与型腔铣的不同点

平面铣与型腔铣的不同点如下：

1）几何体定义方式不同。平面铣用边界定义部件与毛坯，边界是一种几何实体，可用曲线、面（平面的边界）、点定义临时边界或选用永久边界；而型腔铣更普遍使用实体模型或者曲面来定义加工部件与毛坯。

2）切削层深度的定义不同。平面铣通过所指定的边界和底面的高度差来定义总的切削深度，并且有 5 种方式定义切削深度；而型腔铣通过切削范围与切削层来定义切削深度。

3）切削参数选项有所不同。切削参数中，二者大部分参数都是一样的，但平面铣的参数选项要稍少一些。

平面铣用于直壁的并且岛屿顶面和槽腔底面为平面零件的加工。平面铣有着独特的优点：它无须做出完整的造型而依据 2D 图形即可直接生成刀轨；它可以通过边界和不同的材料侧方向，定义任意区域的任意切削深度；它调整方便，能很好地控制刀具在边界上的位置；它计算速度高，能快速生成刀轨。

创建平面铣工序的步骤与创建型腔铣相似，选择类型为"mill_planar"，工序子类型为"平面铣" 📥，创建平面铣工序如图 4-25 所示。可在"平面铣"工序对话框中从上到下进行设置，完成设置后生成刀轨并检验，最后单击"确定"按钮，完成平面铣工序的创建。

4.2.2 平面铣的几何体

平面铣加工的刀轨是由边界几何体限制的，在"平面铣"工序对话框中，可以看到几何体组中，除了选择几何体，还有指定部件边界、指定毛坯边界、指定检查边界、指定修剪边界和指定底面，如图 4-26 所示。

图 4-25　创建平面铣工序

图 4-26　平面铣的几何体组

1. 部件边界

部件边界用于描述加工完成的零件，控制刀具运动的范围。部件边界是平面铣工序必须要加工的对象。

2. 毛坯边界

毛坯边界用于描述将要被加工的材料范围。毛坯边界可以限制加工范围，对于凸出的零件，通常需要选择毛坯边界。

3. 检查边界

检查边界用于描述刀具不能碰撞的区域，是刀具在切削过程中要避让的几何体。检查边界通常用于在部件边界范围内部分不需要加工到底面部分的边界设置。

4. 修剪边界

修剪边界用一个边界对生成的刀轨进行进一步的修剪。

5. 底面

底面用于指定平面铣工序加工的最低平面位置。

单击工序对话框中的"指定底面"按钮，弹出图 4-27 所示的"平面"对话框。该对话框用于选择平面位置，并可以指定偏置值。指定底面后，系统将以虚线三角线显示其平面位置，如图 4-28 所示。

图 4-27 "平面"对话框

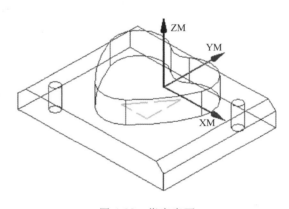

图 4-28 指定底面

底面是平面铣工序中必须选择的，而且只能选择与刀轴垂直的平面，不能选择非平面的曲面。

底面只能选择一个面，再次指定底面将删除原先指定的底面。

在底面指定时，可以指定平面的类型为"XC-YC 平面"，再指定偏置距离，即相当于直接指定 Z 轴坐标值。

4.2.3 边界

在"平面铣"工序对话框中，单击任一指定边界几何体类型后，系统将打开对应的对话框。各个边界的指定方法是相同的，图 4-29 所示为"部件边界"对话框。各种边界几何体都可以通过面、曲线、点和永久边界进行定义，并且可以指定刀具侧与平面，选择方法为曲线或点时，还可以指定边界类型。

图 4-29 "部件边界"对话框

1．选择方法

（1）面 "面"是默认的边界选择方法，选择面并以其边缘作为边界几何体。

（2）曲线 通过选择已经存在的曲线和曲面边缘来创建边界。

（3）点 与曲线类似，系统在选择的点与点之间以直线相连接，形成一个开放的或封闭的边界。

（4）永久边界 选择一个已经创建好的永久边界为当前的边界几何体。

2．边界类型

选择方法为"曲线"或"点"时，对应的边界类型可以选择为"开放"或"封闭"。开放边界以选择的曲线或点作为开始与终止的位置，如图 4-30 所示。封闭边界必须首尾相接，选择不相连的曲线，系统将自动延伸到交点，如果不能找到交点，系统将以直线连接。图 4-31 所示为拾取同样的边缘指定为"封闭"边界生成的刀轨。

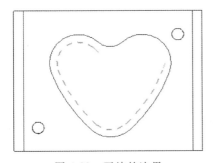

图 4-30 开放的边界

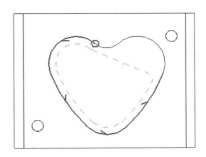

图 4-31 封闭的边界

同样的轮廓指定为"开放"和"封闭"将产生不同结果。开放轮廓进行平面铣的粗加工时，系统将把始端与末端直接连接，当成封闭轮廓进行加工。使用方法为"面"或者"永久边界"时，边界类型为"封闭"，不能选择"开放"。

3．刀具侧

定义材料加工过程中刀具在选择边界的左右（开放的边界）或边界的内外（封闭的边界）。左右是相对于其串联方向而言的，如图 4-32 所示。

部件边界、毛坯边界、检查边界的刀具侧是需要切除材料的一侧，修剪边界的修剪侧为不保留刀轨的部分。设置错误或遗忘设置刀具侧（修剪侧）参数将可能导致刀轨生成错误或失败。

4．平面

"平面"选项指定边界的高度位置，所选边界将投影到该平面上。

平面有两个选项，分别为"指定"和"自动"。"自动"选项是默认的，边界的平面将取决于选择的几何体。使用"指定"方式时，将出现"指定平面"选项，选择或创建一个平面，并可以直接指定偏置值。指定平面后，选择的边界将投影到用户指定的平面内，如图 4-33 所示。

平面铣加工中，在边界所在平面以上的高度指定的部件边界、毛坯边界和检查边界将不起作用，但修剪边界是上下无限延伸的。

5．添加新集与列表

指定边界时，允许选择多个边界，单击"添加新集"按钮将可以指定新的边界。选择

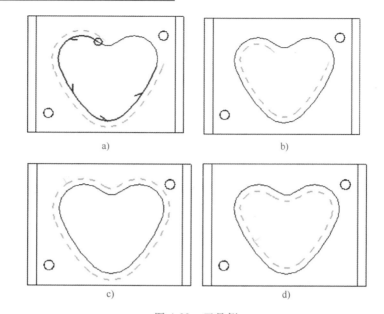

图 4-32　刀具侧

a）开放边界：右侧　b）开放边界：左侧　c）封闭边界：外侧　d）封闭边界：内侧

了多个边界之后，将在列表中显示这些边界，如图 4-34 所示。在列表中选择的边界将在图形区高亮显示，单击 ✖ 按钮可以删除该边界。

　　选择方法为"曲线"时，完成一个边界指定后，可单击"添加新集"按钮指定下一个边界，否则将直接连接到前一线段的终点；而选择方法为"面"时，选择曲面将自动作为新的边界。

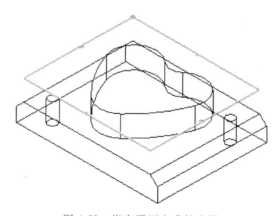

图 4-33　指定平面生成的边界

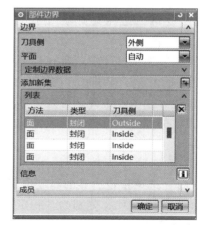

图 4-34　"部件边界"对话框

　　在 UG NX 10.0 以前的版本中，再次进行边界指定将显示编辑边界；通过箭头选择要编辑的边界，在图形区将高亮显示；对选择的边界可以进行编辑，包括修改刀具侧、指定刀具位置等。

　　6. 定制边界数据

　　可以为选择的边界指定特定的公差、余量、毛坯距离和切削进给率等参数，单击"定制边界数据"将展开相关选项，如图 4-35 所示，勾选需要设置的选项，再设置参数。

7. 成员

成员是在列表中所选择边界的每一条线段，以列表显示线段，如图 4-36 所示。对选择的线段可以指定刀具位置，也可以为选择的线段定制成员数据。在列表中选择的成员，在图形区将高亮显示，单击 ✖ 按钮可以删除该线段。

图 4-35　"定制边界数据"选项组

图 4-36　成员列表

刀具位置表示刀具与边界的位置关系。刀具位置有"相切"和"对中"两个选项："相切"表示刀具与边界相切，"对中"表示刀具中心处于边界上。图 4-37 所示为两者的刀具轨迹对比。

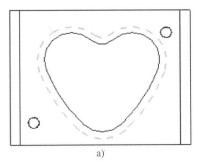

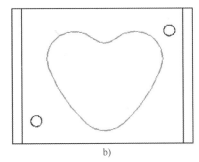

图 4-37　刀具位置
a）相切　b）对中

8. "面"选择方法

边界的选择方法为"面"时，在图形区拾取垂直于刀轴的平面，则该面的边将作为边界。

在边界的选择方法为"面"时，选择工具条上的 ⬛⬛⬛ 命令图标，分别表示忽略孔、忽略岛、忽略倒斜角和凸边、凹边。如果激活相应命令（显示为白色背景），将不考虑在面上的一些细节特征。图 4-38 所示为不同忽略选项对应的指定边界示例。

凸边与凹边用于指定加工边界的默认刀具位置。由于凸边通常为开放的区域，因此可以将刀具位置设为"对中"，可以完全切除此处的材料；而凹边通常会有直立的相邻面，刀具在内角凹边的位置，一般应为"相切"。

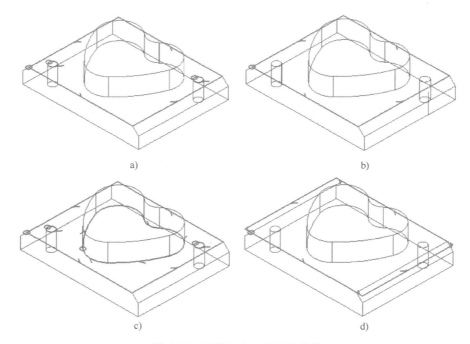

图 4-38　不同忽略选项指定边界

a）忽略岛　b）忽略岛、忽略孔　c）不忽略　d）忽略岛、忽略孔、忽略倒斜角

通过忽略可以生成规则的边界。如果零件是片体的，则即使是中间有凸出的结构，其内部边界也将作为孔而非岛屿。

UG NX 10.0 以前的版本，会在边界对话框中显示 "忽略孔" "忽略岛" "忽略倒斜角" 以及 "凸边" "凹边" 选项，可以直接在对话框中指定。

9. "曲线" 选择方法

使用 "曲线" 方法指定边界时，可以在图形上拾取曲线或者曲面的边缘。选择曲线时必须注意方向，这将影响串联的正确性以及加工的刀具侧，选择完成后单击鼠标中键，确认完成一个边界的指定，完成边界几何体的选择需要再次确认。

选择曲线时，串联方向将是由靠近选择点的端点指向远离选择点的端点。使用曲线方法指定边界时，配合快速选择菜单可以快速地选择特征曲线、相连曲线和相切曲线。

10. "点" 选择方法

使用 "点" 选择方法指定边界时，选择的下一点将与上一点以直线进行连接。图 4-39

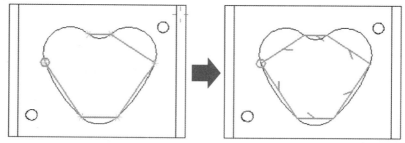

图 4-39　通过 "点" 选择方法创建边界

所示为通过"点"选择方法创建边界的示例。

点的选择顺序确定了串联方向，也将影响刀具侧。建议将视图方向设置为俯视图，以准确地确定点的位置，并直观地显示边界范围。

在一个工序中，可以使用不同的选择方法指定边界，指定的所有边界都将在列表中显示。

4.2.4 平面铣的切削层

平面铣的刀轨设置与型腔铣基本上是相同的，可以选择的切削模式以及切削参数中的大多数选项都是一致的。在切削模式中，平面铣增加了一个选项——"标准驱动"。

选择切削模式为"标准驱动"时，"切削参数"对话框中的"策略"选项卡中有"自相交"选项，并且默认是勾选的。"标准驱动"切削模式与"轮廓"切削模式的加工轨迹基本相同，但是当选择的部件边界有交叉时，"标准驱动"严格地沿着指定边界驱动刀具运动，而不进行自动边界修剪或过切检查。图 4-40 所示为"标准驱动"与"轮廓"两种切削模式对同一边界进行加工的刀轨示意图。

标准驱动适用于雕花、刻字等轨迹重叠或者相交的加工操作。

切削模式选择为"标准驱动"，并且勾选了"自相交"选项时，需要将非切削移动的"更多"选项卡中的"碰撞检查"选项关闭。

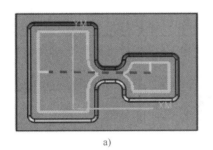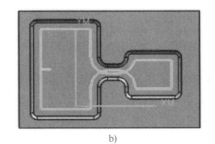

a)   b)

图 4-40 "轮廓"与"标准驱动"切削模式
a)"轮廓"切削模式   b)"标准驱动"切削模式

平面铣的切削层需要确定多个切削深度，将切削范围划分为多个层进行加工。可以采用多种不同的方法定义切削深度参数。在"平面铣"工序对话框中单击"切削层"按钮▦，将弹出"切削层"对话框。将类型改为"用户定义"，如图 4-41 所示。

1. 深度类型

深度类型有 5 个选项，如图 4-42 所示。

1）恒定：指定一个固定的深度值来产生多个切削层，除最后一层外的所有层的切削深度保持一致。图 4-43 所示为恒定深度的刀轨示例。恒定方式产生的刀轨切削负荷均匀，但在某些岛屿平面上会有较多的残余。

2）用户定义：由用户直接输入各个切削深度选项参数。选择该选项时，可以定义切削层的最大距离与每刀切削深度的最小值，并可以指定顶部与底部的切削深度。

用户定义方式生成的切削层可能不均等，尽量接近最大深度值，当岛屿顶部在最大深度与最小深度值之间时将生成一个切削层。图 4-44 所示为用户定义方式生成的加工刀轨示例。

图 4-41 "切削层"对话框

图 4-42 切削深度类型

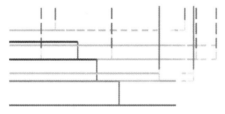

图 4-43 恒定加工刀轨示例

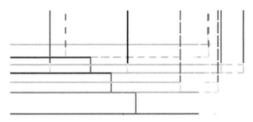

图 4-44 用户定义方式生成的加工刀轨示例

3）仅底面：只在底面创建一个唯一的切削层，路径示例如图 4-45 所示。

为生成底面的一个切削层，另一种方法是将最大深度设置为"0"。

4）底面及临界深度：在底面与岛屿顶面创建切削层。岛屿顶面的切削层不会超出定义的岛屿边界，加工刀轨示例如图 4-46 所示。

只加工岛屿及底面，可进行垂直于刀轴方向的平面精加工。

图 4-45 仅底面加工刀轨示例   图 4-46 底面及临界深度加工刀轨示例

5）临界深度：在岛屿的顶面创建一个平面的切削层，该选项与"底面及临界深度"的区别在于所生成的切削层的刀轨将完全切除切削层平面上的所有毛坯材料，加工刀轨示例如图 4-47 所示。

2. 每刀切削深度

每刀切削深度确定了切削深度的范围，系统尽量用接近公共每刀切削深度值来创建切削层。若岛屿顶面在指定的范围内，就在其顶面创建一个切削层。图 4-48 所示为设置最大切削深度为"2"、每刀切削深度最小值为"0.8"时产生的刀轨示意图。

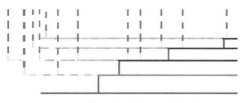

图 4-47　临界深度加工刀轨示例

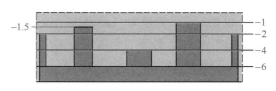

图 4-48　每刀切削深度刀轨示意图

在生成切削层后，可以检视某些局部岛屿的顶部有没有加工到，若没有加工到，可以通过微调最大与最小切削深度，使岛屿顶部刚好能在切削层范围内。

3. 离顶面的距离/离底面的距离

切削层顶部定义第一个切削层"离顶面的距离"，上一个切削层定义与最后一个切削层"离底面的距离"，也就是初始层深度与终止层深度，如图 4-49 所示。

在毛坯顶面余量不均的情况下，设置一个较小的"离顶面的距离"，可以保证切削加工的安全性；设置较小的"离底面的距离"，可以对底面进行切削量较小的精加工。

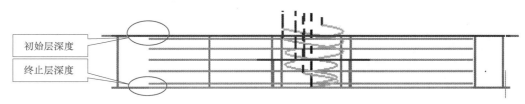

图 4-49　初始层深度与终止层深度

4. 增量侧面余量

增量侧面余量为多深度平面铣工序的每一个后续切削层增加一个侧面余量值，向切削区域内偏置，如图 4-50 所示。

设置侧面余量为增量可以生成带有拔模角的零件加工刀轨，通过切削深度与拔模角计算两切削层间的增量。

图 4-50　增量侧面余量切削刀轨示例

5. 临界深度

打开"临界深度顶面切削"选项，系统会在每一个岛屿的顶部创建一条独立的路径，创建的刀轨与选择类型为"底面及临界深度"的刀轨相似。

【任务实施】

创建粗加工平面铣工序的步骤如下。

◆　步骤 1　创建平面铣工序

单击"插入"工具条中的"创建工序"按钮，系统打开"创建工序"对话框，如图 4-51 所示。设置工序子类型为"平面铣" ，刀具为"T2-D25"，几何体为"WORKPIECE"，单击"确定"按钮，打开"平面铣"工序对话框，如图 4-52 所示。

◆ 步骤 2　指定部件边界

单击"指定部件边界"按钮，系统弹出图 4-53 所示的"部件边界"对话框，指定刀具侧为"外侧"，确认"忽略孔"选项没有被激活，在图形拾取部件的顶面，如图 4-54 所示。将面的边缘指定为部件边界，如图 4-55 所示。

单击"确定"按钮，完成部件边界指定并返回"平面铣"工序对话框。

图 4-51　"创建工序"对话框

图 4-52　"平面铣"工序对话框

图 4-53　"部件边界"对话框

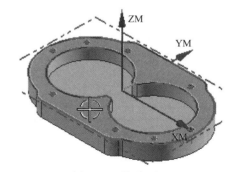

图 4-54　拾取顶面

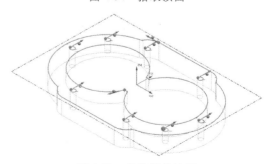

图 4-55　指定部件边界

◆ 步骤 3　指定毛坯边界

单击"指定毛坯边界"按钮，系统弹出"毛坯边界"对话框，指定刀具侧为"内侧"，改变选择方法为"曲线"，如图 4-56 所示。在选择工具条中指定曲线规则为"相连曲线"，拾取矩形的 1 个边，如图 4-57 所示。该矩形将作为毛坯边界，如图 4-58 所示。单击"确定"按钮，完成毛坯边界的指定并返回"平面铣"工序对话框。

图 4-56　"毛坯边界"对话框

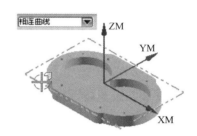

图 4-57　选择曲线

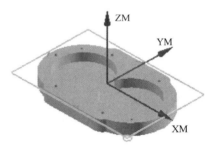

图 4-58　指定毛坯边界

◆ 步骤 4　指定检查边界

单击"指定检查边界"按钮，系统弹出"检查边界"对话框，默认选择模式为"面"，刀具侧为"外侧"。拾取凹槽的底面，如图 4-59 所示。以该面的边缘为检查边界，如图 4-60 所示。单击"确定"按钮，完成检查边界的指定并返回"平面铣"工序对话框。

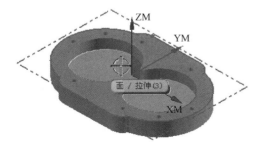

图 4-59　指定检查边界

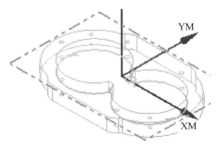

图 4-60　检查边界

◆ 步骤 5　指定底面

单击"指定底面"按钮，系统将弹出"平面"对话框，在图形上选择零件的底部平面，如图 4-61 所示。单击"确定"按钮，完成底面的指定并返回"平面铣"工序对话框。

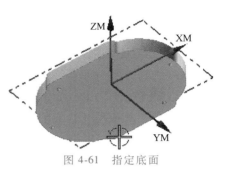

图 4-61 指定底面

◆ 步骤 6 设置刀轨

在"平面铣"工序对话框中展开"刀轨设置"选项组，设置切削模式为"跟随周边"，步距为"% 刀具平直"，平面直径百分比为"50"，如图 4-62 所示。

◆ 步骤 7 设置切削层

单击"切削层"按钮 ▤，打开切削层对话框，设置类型为"用户定义"，每刀切削深度的公共值为"3"，最小值为"0"，切削层顶部离顶面的距离为"1"，如图 4-63 所示。单击"确定"按钮返回"平面铣"工序对话框。

图 4-62 "刀轨设置"选项组   图 4-63 "切削层"对话框

◆ 步骤 8 设置切削参数

单击"切削参数"按钮 ⧄，弹出"切削参数"对话框，设置"策略"选项卡中的切削顺序为"深度优先"，如图 4-64 所示。

在"余量"选项卡中设置部件余量为"0.5"，如图 4-65 所示。单击"确定"按钮，返回"平面铣"工序对话框。

图 4-64 设置切削策略参数   图 4-65 设置余量参数

◆ 步骤 9　设置进给率和速度

单击"进给率和速度"按钮，打开"进给率和速度"对话框，设置主轴速度（rpm）为"2500"，切削进给率为"1000mmpm"。单击后方的"计算"按钮进行计算，单击"确定"按钮返回"平面铣"工序对话框。

◆ 步骤 10　生成刀轨

在"平面铣"工序对话框中单击"生成"按钮 ，计算生成刀轨。生成的刀轨如图 4-66 所示。

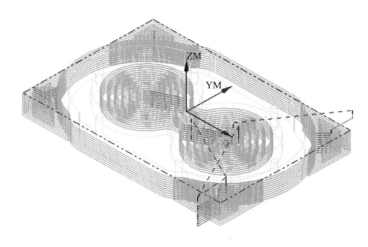

图 4-66　平面铣工序刀轨

◆ 步骤 11　检视刀轨

在图形区通过旋转、平移、放大视图转换视角，从不同角度对刀轨进行查看。

◆ 步骤 12　确定工序

确认刀轨后单击"平面铣"工序对话框底部的"确定"按钮，接受刀轨并关闭工序对话框。

【精益求精】

平面铣是以边界为加工对象的工序子类型，在完成本任务过程中应当注意以下几点：

1）选择边界几何体时必须注意刀具侧是否正确，特别是选择多个边界时，要在选择前先确认刀具侧等选项。

2）选择边界时，配合曲线规则进行选择会更加快捷。

3）选择顶面为部件边界，同时选择了顶面的外侧边与凹槽边，并且凹槽边的刀具侧与外侧边的刀具侧相反。

4）选择面时将孔口曲线选择为部件边界，其实是多余的，但由于孔内的切削区域很小，刀具不能进入，因而并不影响刀轨的生成。

5）对于加工底部不一致的多个边界，可以选择检查边界来避免刀具继续向下，指定检查边界时，需要指定刀具侧为"外侧"。

6）平面铣工序必须要指定底面。

7）平面铣工序的加工对象为平面内的曲线，因而其计算速度非常快，可以设置较小的公差值。

8）切削顺序设置为"深度优先"，可以按区域加工。

【挑战一下】

本任务中，为平面铣工序指定部件边界时采用"面"选择方法，并且没有选择"忽略孔"，因而有多余的边界。请尝试使用"曲线"方法指定部件边界，并将凹槽底面指定为部件边界而非检查边界来创建平面铣工序。

任务 4-3　创建外侧壁精加工的平面轮廓铣工序

【任务目标】

➤ 了解平面轮廓铣与平面铣的差异。
➤ 能正确设置平面轮廓铣的刀轨参数。
➤ 能正确应用平面轮廓铣进行零件的精加工。

【任务分析】

零件的外轮廓在粗加工后，还需要进行精加工。精加工时，可以采用沿轮廓进行加工的方式。UG NX 提供了一种平面轮廓铣工序来进行轮廓的精加工。

【知识链接：平面轮廓铣】

平面轮廓铣是应用于侧壁精加工的一种平面铣，生成的刀轨与平面铣中选择切削模式为"轮廓"的刀轨类似。图 4-67 所示为平面轮廓铣刀轨示例。

创建工序时，选择子类型为平面轮廓铣，打开"平面轮廓铣"工序对话框，如图 4-68 所示。

创建平面轮廓铣工序与平面铣工序基本相同，而且大部分的参数设置也是一致的。在平面轮廓铣中，几何体的选择与平面铣是相同的，必须指定部件边界与底面，可以指定毛坯边界、检查边界和修剪边界。

平面轮廓铣的刀轨设置中没有切削模式选择、附加刀路参数选项。在工序对话框中的刀轨设置中直接列出了最常用的几个选项，如部

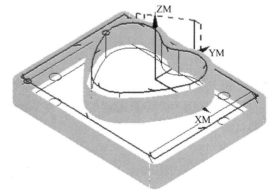

图 4-67　平面轮廓铣刀轨示例

件余量、切削进给参数和切削深度设置等。其参数含义和设置方法与平面铣工序是相同的，如切削深度设置包括"用户定义""恒定""仅底面""底面及临界深度"和"临界深度"5种选项，可按照选择的加工方式设置对应的参数。

【任务实施】

创建外轮廓精加工的平面轮廓铣工序的步骤如下。

◆ 步骤 1   创建平面轮廓铣工序

单击"插入"工具条中的"创建工序"按钮，系统打开"创建工序"对话框。如图 4-69 所示。设置工序子类型为"平面轮廓铣"，刀具为"T3-D10"，单击"确定"按钮，打开"平面轮廓铣"工序对话框。

图 4-68   "平面轮廓铣"工序对话框

4-3

图 4-69   "创建工序"对话框

◆ 步骤 2   指定部件边界

单击"指定部件边界"按钮，系统弹出"部件边界"对话框，指定刀具侧为"外侧"，在"选择"工具条中单击"忽略孔"按钮，然后拾取顶面，如图 4-70 所示。顶面的外轮廓被指定为部件边界，如图 4-71 所示。

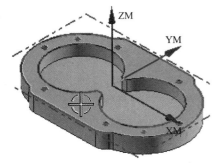

图 4-70   拾取顶面

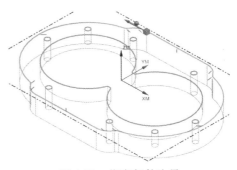

图 4-71   指定部件边界

单击"确定"按钮，完成部件边界的指定并返回"平面轮廓铣"工序对话框。

◆ 步骤 3　指定底面

单击"指定底面"按钮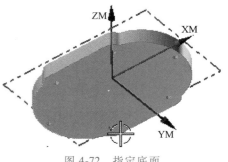，系统将弹出"平面"对话框。在图形上选择零件的底部平面，如图 4-72 所示，单击"确定"按钮，完成底面的指定并返回"平面轮廓铣"工序对话框。

图 4-72　指定底面

◆ 步骤 4　刀轨设置

在"平面轮廓铣"工序对话框中展"刀轨设置"选项组，设置切削进给为"1000"，切削深度定义方式为"恒定"，公共值为"5"，如图 4-73 所示。

◆ 步骤 5　设置进刀选项

在"平面轮廓铣"工序对话框中单击"非切削移动"按钮，打开"非切削移动"对话框，首先显示"进刀"选项卡，如图 4-74 所示。设置进刀参数，设置封闭区域的进刀类型为"与开放区域相同"；开放区域的进刀类型为"圆弧"，半径为"3mm"，高度为"0mm"，最小安全距离设置为"无"。

图 4-73　"刀轨设置"选项组

图 4-74　"进刀"选项卡

◆ 步骤 6　设置起点/钻点参数

切换到"起点/钻点"选项卡，设置重叠距离为"2mm"，如图 4-75 所示。在"区域起点"选项组中单击"指定点"按钮，在图形区选择模型下边线的中点，如图 4-76 所示。

◆ 步骤 7　设置转移/快速参数

在"转移/快速"选项卡中，设置区域之间的转移类型为"安全距离-刀轴"，区域内的转移类型为"直接"。单击"确定"按钮，返回"平面轮廓铣"工序对话框。

◆ 步骤 8　设置进给率和速度

单击"进给率和速度"按钮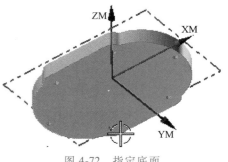，弹出"进给率和速度"对话框，设置主轴转速（rpm）为"2000"，进给率为"1000"，单击计算按钮进行计算，单击"确定"按钮，返回

图 4-75　"起点/钻点"选项卡

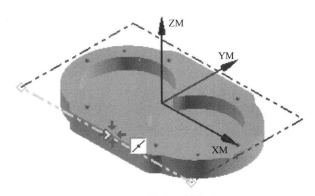

图 4-76　指定区域起点

"平面轮廓铣"工序对话框。

◆ 步骤 9　生成刀轨

在"平面轮廓铣"工序对话框中单击
"生成"按钮，计算生成刀轨，生成的
刀轨如图 4-77 所示。

◆ 步骤 10　确定工序

对生成的刀轨进行检验，确认刀轨后
单击"平面轮廓铣"工序对话框底部的
"确定"按钮，接受刀轨并关闭工序对
话框。

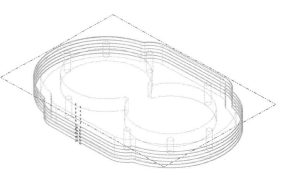

图 4-77　生成刀轨

【精益求精】

侧面精加工采用平面轮廓铣工序，在完成本任务过程中，应当注意以下几点：

1）采用平面轮廓铣方式只能产生单次的精加工轮廓，不能添加附加刀路。

2）使用"面"方式指定部件边界时，要激活"忽略孔"选项，否则将指定出多个
边界。

3）在精加工时，进刀与退刀需要采用圆弧方式，并有一定的重叠距离，以减少进
刀痕。

4）精加工轮廓时，如有必要，可以指定进刀位置。

5）平面轮廓铣可以在刀轨设置中直接指定进给率，也可以在"进给率和速度"对话框
中指定。

【挑战一下】

本任务要创建零件外侧壁精加工工序，可以采用普通的平面铣工序，选择切削模式为
"轮廓"；还可以采用另一种工序子类型——"精铣壁面"，请尝试用不同的工序子类型创建
外侧壁精加工工序。

任务 4-4　创建凹槽精加工的底壁铣工序

【任务目标】

➤ 了解底壁铣的特点和应用。
➤ 能正确指定底壁铣的底面和壁面。
➤ 能正确创建凹槽精加工的底壁铣工序。

【任务分析】

零件的凹槽在粗加工后，侧壁和底面都留有余量，需要进行精加工。由于侧壁为直壁，可以在底面加工时进行横向进给切削，本任务将采用底壁铣工序进行加工。

【知识链接：底壁铣】

图 4-78　底壁铣

底壁铣加工底面和壁面，加工对象是部件几何体上的底面或壁面，也可以同时加工底面与壁面。底壁铣加工时，要去的材料由切削区底面和毛坯厚度决定。

创建工序时，选择工序子类型为"底壁铣"，打开"底壁铣"工序对话框，如图 4-78 所示。

1. 底壁铣的几何体

创建底壁铣工序时，其几何体是以体或面来指定的，除了型腔铣工序中有的几何体类型之外，还有指定切削区域底面和指定壁几何体。

1）指定切削区底面：指定用于定义切削区域的底面。单击"指定切削区底面"按钮，将打开"切削区域"对话框，如图 4-79 所示。切削区底面的指定方法与指定切削区域类似。

指定切削区底面必须要选择部件几何体上的面，而且必须要选择垂直于刀轴的平面。

底壁铣工序指定切削区底面时，所选的面只有最外侧的轮廓起作用，相当于平面铣中的"忽略孔"。

2）指定壁几何体：指定环绕切削区域的侧壁。单击"指定壁几何体"按钮，将打开"壁几何体"对话框，如图 4-80 所示。可以在图形选择面作为壁几何体，同时可单击"添加新集"按钮，指定多个壁几何体。

3）自动壁：可从与所选切削区底面相邻的面中自动查找壁，勾选"自动壁"选项后，"指定壁几何体"将不起作用，单击后方的显示按钮将显示"自动壁"功能所识别的壁几何体。

要打开"自动壁"识别功能，必须使用"指定切削区底面"选项来定义部件上的加工底面。

图 4-79 切削区域

图 4-80 壁几何体

创建底壁铣工序时，切削区底面与壁几何体至少要指定其中的一个。

2. 空间范围

底壁铣的空间范围限制设置有较多选项，这些设置将决定底壁铣的切削区域范围，图 4-81 所示为底壁铣的"切削参数"对话框中的"空间范围"选项卡。

（1）毛坯　毛坯表示工序中要加工对象的初始状态，底壁铣的毛坯有"厚度""毛坯几何体"和"3D IPW" 3 个选项。

1）选择"厚度"时，可以指定"底面毛坯厚度"与"壁毛坯厚度"，刀轨将在指定的毛坯厚度范围内生成，类似于在型腔铣中指定"毛坯距离"。

2）选择"毛坯几何体"时，以工件中指定的毛坯几何体为毛坯，类似于型腔铣。

图 4-81　空间范围

3）选择"3D IPW"时，根据工件中指定的原始毛坯几何体与前面工序的刀轨，自动创建未切削材料部分为毛坯，类似于剩余铣。

"底面毛坯厚度"用于设置将去除的可加工区域底面上方毛坯材料的厚度。当底面毛坯厚度大于每刀切削深度时，将分层加工。

"壁毛坯厚度"用于设置将去除的可加工区域壁侧边毛坯材料的厚度。当壁毛坯厚度大于步距时，将以指定的切削模式进行加工。

毛坯选择"厚度"方式定义时，"底面毛坯厚度"与"壁毛坯厚度"不能同时为 0。

在"底壁铣"工序对话框的"刀轨设置"选项组中有"底面毛坯厚度"选项，如果未将工序设置为使用毛坯几何体或 IPW，则可以直接设置。

（2）切削区域空间范围　切削区域空间范围可以侧重于"底面"或"壁"。对于侧壁为斜面的零件，侧重于"底面"的空间范围将以底面边界限制每一层的切削区域范围，而侧重于"壁"的空间范围则以壁面轮廓限制每一层的切削区域范围。图 4-82 所示为两者的对比。

（3）延伸壁　勾选"延伸壁"选项，系统将延伸选定的壁以限制切削区域；取消勾选

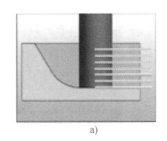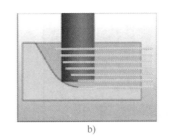

图 4-82　切削区域空间范围

a）侧重于"底面"　　b）侧重于"壁"

"延伸壁"选项，将以底面限制切削区域。

（4）精确定位　使用带圆角的刀具进行加工时，勾选"精确定位"选项，将刀具精确定位到壁几何体，并定位到壁与底面之间的圆角；取消勾选"精确定位"选项，则将忽略刀具半径和壁与底面之间的圆角，可能会遗留少量余量，但计算速度更快。

3. Z 向深度偏置

Z 向深度偏置在所选壁的底边设置向下的偏置量，且每刀切削深度的刀轨将从此处开始计算。

Z 向深度偏置通常用于没有指定底面的底壁铣加工，可以将切削的最低处向下延伸。

4. 刀轴

底壁铣的刀轴默认为"垂直于第一个面"，如果进行壁面加工时，需要设置刀轴为"+ZM 轴"。

4-4

【任务实施】

创建凹槽精加工的底壁铣工序的步骤如下。

◆ 步骤 1　创建底壁铣工序

单击"插入"工具条中的"创建工序"按钮，系统打开"创建工序"对话框，如图 4-83 所示。设置工序子类型为"底壁铣"，刀具为"T3-D10"，单击"确定"按钮，打开"底壁铣"工序对话框，如图 4-84 所示。

◆ 步骤 2　指定切削区底面

单击"指定切削区底面"按钮，系统弹出"切削区域"对话框，拾取凹槽底面，如图 4-85 所示。

单击"确定"按钮，完成切削区底面指定并返回"底壁铣"工序对话框。

◆ 步骤 3　自动壁

勾选"自动壁"选项，单击"指定壁几何体"后的"显示"按钮，在图形区将显示壁几何体，如图 4-86 所示。

◆ 步骤 4　刀轨设置

在"底壁铣"工序对话框中展开"刀轨设置"选项组，设置切削区域空间范围为"壁"，切削模式为"跟随周边"，步距为"恒定"，最大距离为"50% 刀具平直"，底面毛坯厚度为"1"，每刀切削深度为"0"，如图 4-87 所示。

图 4-83 "创建工序"对话框

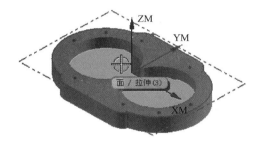

图 4-84 "底壁铣"工序对话框

图 4-85 指定切削区底面

图 4-86 显示壁几何体

◆ 步骤 5 设置切削策略参数

在"底壁铣"工序对话框中，单击"切削参数"按钮 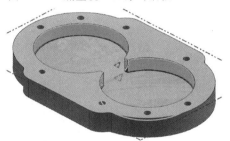，打开"切削参数"对话框，首先打开"策略"选项卡，设置切削方向为"顺铣"，刀路方向为"向外"，勾选"添加精加工刀路"选项，设置刀路数为"1"，精加工步距为"0.1mm"，如图 4-88 所示。

完成设置后单击"确定"按钮，返回"底壁铣"工序对话框。

◆ 步骤 6 设置进刀选项

在"底壁铣"工序对话框中单击"非切削移动"按钮，打开"非切削移动"对话框，如图 4-89 所示。设置进刀参数，设置封闭区域的进刀类型为"沿形状斜进刀"，高度起点为"当前层"；开放区域的进刀类型为"圆弧"，半径为"20%刀具直径"。

切换到"起点/钻点"选项卡，设置重叠距离为"2mm"，如图 4-90 所示。

单击"确定"按钮，返回"底壁铣"工序对话框。

◆ 步骤 7 设置进给率和速度

单击"进给率和速度"按钮，设置主轴转速（rpm）为"2000"，切削进给率为"1000mmpm"，并单击"计算"按钮进行计算。单击"确定"按钮，返回"底壁铣"工序对话框。

图 4-87 "刀轨设置" 选项组

图 4-88 "切削参数" 对话框

图 4-89 "进刀" 选项卡

图 4-90 "起点/钻点" 选项卡

◆ 步骤 8　生成刀轨

在"底壁铣"工序对话框中单击"生成"按钮 ，计算生成刀轨，生成的刀轨如图 4-91 所示。

◆ 步骤 9　检验刀轨

对生成的刀轨从不同视角进行检验，图 4-92 所示为进刀位置局部放大的刀轨。

◆ 步骤 10　确定工序

确认刀轨后单击"底壁铣"工序对话框底部的"确定"按钮，接受刀轨并关闭工序对话框。

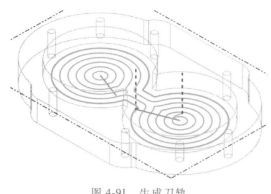

图 4-91   生成刀轨

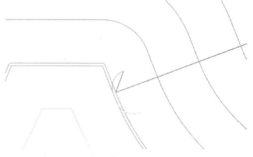

图 4-92   进刀位置局部放大的刀轨

【精益求精】

本任务采用底壁铣工序完成凹槽的精加工，在完成过程中应当注意以下几点：

1）采用底壁铣加工选择的加工对象是面，指定切削区底面必须要选择部件几何体上的面。

2）使用"自动壁"可以快速确定壁几何体。本任务的壁面为直壁时，可以不指定壁几何体。

3）底壁铣使用毛坯厚度定义毛坯时，设置底面毛坯厚度为"1"。

4）添加精加工刀路可以对壁面进行一次精铣，并且切削加工量很小。

5）开放区域的进刀与退刀需要采用圆弧方式，并有一定的重叠距离，以减少进刀痕。

【挑战一下】

本任务中使用底壁铣同时对凹槽底面和壁面进行精加工，对于这种平面加工，可以采用普通的平面铣工序，指定凹槽底面为部件边界，再指定凹槽底面为底面来创建工序；也可以采用另一种工序子类型——精铣底面，请尝试用不同的工序子类型创建凹槽精加工工序。

任务 4-5   创建点孔加工的定心钻工序

【任务目标】

➤ 掌握钻孔工序的创建方法。
➤ 了解钻孔加工工序子类型。
➤ 掌握钻孔刀具的创建方法。
➤ 掌握孔加工特征几何体的指定方法。
➤ 能够正确选择钻孔工序的几何体。
➤ 能够正确创建定心钻工序。

【任务分析】

泵盖零件上有 6 个 ϕ7.8mm 的通孔和 2 个 ϕ8mm 的销孔，通孔直接钻通即可，而销孔为不通孔，在钻孔后还需要铰孔精加工。在钻孔加工之前，为保证钻孔位置的准确性，需要先钻出中心孔。UG NX 软件有专门用于孔加工的模板"hole_making"，并有定心钻工序专用于中心点钻加工。

【知识链接：孔加工】

孔加工程序通常较为简单，可以直接手工编程。使用 CAM 软件进行钻孔程序的编制，可以直接生成完整程序，在孔的数量较大时，自动编程有明显的优势。另外，对于孔的位置分布较复杂的工件，使用 UG NX 可以生成一个程序完成所有孔的加工，而使用手工编程的方式较难实现。UG NX 的钻孔加工可以创建钻孔、攻螺纹、镗孔、平底扩孔和扩孔等工序的刀轨。

4.5.1　创建孔加工工序

进入加工环境后，选择"要创建的 CAM 设置"为"hole_making"再进行初始化，即可调用模板"hole_making"。在创建工序时，选择类型为"hole_making"，如图 4-93 所示，再选择工序子类型，创建钻孔加工工序。

类型为"hole_making"，可以创建的工序子类型有钻孔加工的定心钻 、钻孔 、钻深孔 、钻埋头孔 、顺序钻孔 、背面埋头孔钻 和攻螺纹 等孔加工工序。各个工序的操作基本相同，只是默认选择了不同的循环类型。图 4-94 所示为"定心钻"工序对话框。

图 4-93　"创建工序"对话框

图 4-94　"定心钻"工序对话框

在 UG NX 10.0 以前的版本中，钻孔加工采用的模板文件为"drill"，相对于"drill"，"hole_making"钻孔工序的创建步骤更为简单，同时更多地考虑几何体特征。UG NX 12.0 默认的设置中将不显示"drill"模板。

创建钻孔加工工序，以指定特征几何体来确认孔的加工位置和孔的深度，以循环来设置钻孔方式。切削参数、非切削移动的设置相对于平面铣要简单得多。

4.5.2　钻孔加工刀具

钻孔加工使用的刀具与铣削加工不同。按照钻孔类型的不同，可以使用的钻孔刀具包括钻刀、中心钻、埋头孔刀、定心钻刀、镗刀、铰刀、丝锥和铣刀等。

创建刀具时，选择类型为"hole_making"，可以创建钻孔加工用的各种刀具，如图 4-95 所示。各种钻孔刀具的参数类似，主要涉及刀具直径与刀尖角度两个参数。图 4-96 所示为钻刀参数设置，与铣刀设置不同的部分主要为"尺寸"选项组中的选项。

（1）（D）直径　　（D）直径指钻刀完整切削加工部分的直径。

图 4-95　"创建刀具"对话框

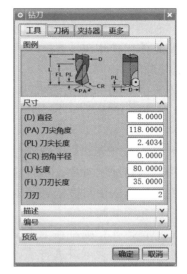

图 4-96　钻刀参数设置

（2）（PA）刀尖角度　　（PA）刀尖角度指刀具顶端的角度。设置一个大于 0°的角度将使钻刀的最顶端是一个尖锐点。直径与刀尖角度将决定刀尖长度。

钻孔刀具并不完全表示刀具的实际形状，只表示切削的有效范围。

4.5.3　指定特征几何体

钻孔加工的点和加工深度是由特征几何体决定的。在"钻孔"工序对话框中单击"指定特征几何体"按钮，系统弹出"特征几何体"对话框，如图 4-97 所示。

1. 过程工件

过程工件选项可以控制已切除的毛坯材料如何处理，有"无""局部"和"使用 3D" 3 个选项。

使用"局部"或者"使用 3D"选项时，如果该孔已完成加工，则在指定孔时会给出提示信息提示没有可切除的材料；如果在程序顺序视图中对当前工序之前的任一工序进行了编辑，则当前工序需要重新生成。

2. 加工区域

加工区域列出了可用于当前工序的加工区域。加工区域是根据 UG NX 中定义的所有阶梯孔或型腔特征自动推断出来的。"加工区域"默认设置为"MODEL_DEPTH"，以模型深度来控制钻孔深度。使用此方法可控制深度属性不相关或不需要深度属性的孔特征的切削深度。

创建定心钻工序时，指定特征几何体，不能指定加工区域。

3. 控制点

控制点可以选择"过程特征"或者"加工特征"。使用"加工特征"将以几何模型上的位置作为钻孔起始点，而使用"过程特征"则要考虑已去除材料的部分，如台阶孔的上层已加工，则控制点直接在台阶面位置。

4. 使用预定义深度

勾选"使用预定义深度"选项，可以直接指定钻孔深度值，否则将使用模型深度。

5. 底部余量

对于不通孔，可以设置底部余量，在孔的底部保留余量。

6. 特征

在"特征"选项组中，"选择对象"自动高亮，表示在图形区可以选择加工对象，可以选择的对象包括点、圆弧和圆柱面等，列表中将显示选择对象的钻孔点序号、孔的直径、深度和深度限制等。

在列表中选择孔，则将在上方显示直径、深度、起始直径和深度限制参数，可以进行修改；而在右侧边，可以通过"上移"或"下移"调整钻孔顺序，也可以单击"移除"按钮将其移除。

图 4-97 "特征几何体"对话框

7. 优化

"序列"选项组中的优化指定如何对几何序列重新排序。优化方法有"最接近""最短刀轨"和"主方向"3 个选项。

1）最接近：创建从每个位置移动到下一个最近位置的路径。

2）最短刀轨：创建行进总距离最短的路径。

3）主方向：移动方向优先按指定的矢量方向。

选择优化选项后，需要单击"重新排序列表"按钮，将其应用到钻孔点的排序。

单击"反序列表"按钮，可以按当前顺序的逆序进行钻孔加工。

【任务实施】

创建点孔加工的定心钻工序步骤如下。

4-5

◆ 步骤 1　创建定心钻工序

单击"插入"工具条中的"创建工序"按钮，系统打开"创建工序"对话框，如图 4-98 所示。设置类型为"hole_making"，工序子类型为"定心钻"，几何体为"WORK-PIECE"，单击"确定"按钮，打开"定心钻"工序对话框，如图 4-99 所示。

◆ 步骤 2　新建刀具

在"定心钻"工序对话框中展开"工具"选项组，单击"新建刀具"按钮，系统弹出"新建刀具"对话框，选择刀具子类型为"定心钻刀"（SPOT_DRILLING），指定名称为"T4-SPOT_DRILL"，如图 4-100 所示。单击"确定"按钮，系统将打开"定心钻刀"对话框，如图 4-101 所示。在对话框中设置直径为 "10"，刀具号和补偿寄存器号为 "4"。

单击 "确定" 按钮，返回 "定心钻" 工序对话框。

图 4-98 "创建工序" 对话框

图 4-99 "定心钻" 工序对话框

图 4-100 "新建刀具" 对话框

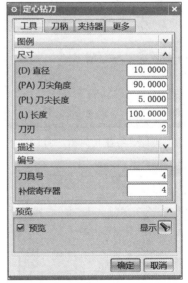

图 4-101 "定心钻刀" 对话框

◆ 步骤 3 指定特征几何体

在 "定心钻" 工序对话框中单击 "特征几何体" 按钮 ，系统弹出 "特征几何体" 对话框，如图 4-102 所示。在图形区窗选零件，则零件上所有孔的中心将被定义为钻孔点，如图 4-103 所示。

在图形区拾取凹槽中心点，如图 4-104 所示，在列表中将亮显，如图 4-105 所示，单击 "移除" 按钮，将这个点移除；再拾取另一个凹槽中心点，在列表中将亮显，单击 "移除"

按钮将其移除。

在"指定特征几何体"对话框的"序列"组中选择优化方法为"最短刀轨"，单击"重新排序列表"按钮，如图 4-106 所示，所有的钻孔点将进行按最短距离进行重新排序。单击"确定"按钮，返回"定心钻"工序对话框。

图 4-102　"特征几何体"对话框

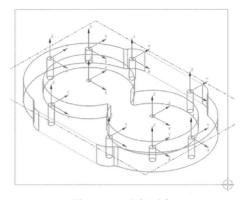

图 4-103　选择对象

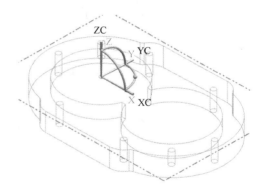

图 4-104　选择凹槽中心点

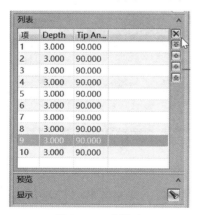

图 4-105　移除点

图 4-106　选择优化方法

◆ 步骤 4　设置进给率和速度

单击"进给率和速度"按钮，弹出"进给率和速度"对话框，设置主轴转速（rpm）

为"2000",切削进给率为"600mmpm",单击"计算"按钮。单击"确定"按钮,返回"定心钻"工序对话框。

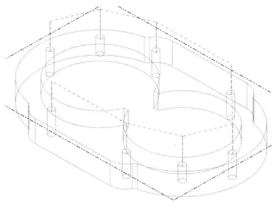

图 4-107 生成刀轨

◆ 步骤 5 生成刀轨

在"定心钻"工序对话框中单击"生成"按钮 ![button],计算生成刀轨,生成的刀轨如图 4-107 所示。

◆ 步骤 6 确定工序

对生成的刀轨进行检验,确认刀轨后单击"定心钻"工序对话框底部的"确定"按钮,接受刀轨并关闭工序对话框。

【精益求精】

本任务采用定心钻工序完成点孔加工,在完成过程中,应当注意以下几点:

1)直接以钻头进行钻孔加工,容易造成孔位置偏差。为保证孔位置的准确性,应该先以定心钻进行点钻。

2)创建钻孔刀具,各种钻孔刀具的参数类似,需要设置直径和顶角。

3)指定特征几何体时,默认钻孔深度为"3",用于中心孔钻深。

4)指定几何体时,通过窗选来选择所有孔特征,再将凹槽中心选中并移除,可以提高选择效率。

5)对选择完成的点进行优化排序,可按"最短刀轨"排序,其空行程最短。

6)选择"定心钻"工序子类型,默认选择了循环类型为"钻",钻孔起点为"3",钻孔深度为"3",可以完成点钻加工。

【挑战一下】

本任务使用定心钻工序进行点孔加工,在零件上通常需要倒角,设置深度大于孔半径值,正好可以进行倒角,请尝试创建倒角加工工序。

任务 4-6 创建钻孔加工的钻孔工序

【任务目标】

➤ 了解机床加工周期输出与单步移动输出的区别。

➤ 了解常用的循环类型。

➤ 掌握循环参数的设置方法。

➤ 掌握钻孔工序的刀轨设置方法。

➤ 能够正确创建钻孔工序。

【任务分析】

泵盖零件上有 6 个 φ7.8mm 的通孔和 2 个 φ8mm 的销孔，这 8 个孔可以用 φ7.8mm 的钻头进行钻孔加工。

【知识链接：孔加工的刀轨设置】

创建各种钻孔加工工序的子类型，其刀轨设置选项基本都是一致的。图 4-108 所示为"钻孔"工序对话框的"刀轨设置"选项组。

1. 运动输出

运动输出指定了后处理输出的代码格式。选择为"机床加工周期"时，以固定循环指令进行输出，也就是输出 G81 等指令；而选择为"单步移动"时，则以快速移动与切削进给指令进行输出，也就是输出 G01 与 G00 指令。

2. 循环

在"钻孔"工序对话框的循环类型选项下拉列表中有 14 种循环类型，如图 4-109 所示。有关循环选项对应的标准指令见表 4-1。

图 4-108 "刀轨设置"选项组

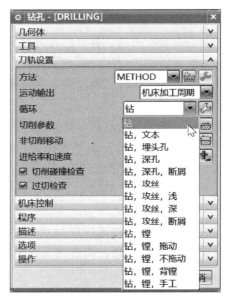

图 4-109 循环类型

表 4-1 循环类型

选项	标准指令	选项	标准指令
钻	G81	钻,镗	G85
钻,文本	无循环输出	钻,镗,拖动	G86
钻,埋头孔	G81/G82	钻,镗,不拖动	G76
钻,深孔	G73	钻,镗,背镗	G87
钻,深孔,断屑	G83	钻,镗,手工	G88
钻,攻丝	G84		

选择循环类型或者直接单击后边的"编辑"按钮，打开"循环参数"对话框，如图 4-110 所示，可以进行循环参数的设置。

"选项"与"Cam 状态"用于激活特定机床的加工特征，只在机床及后处理器支持时应用，通常无需设置。

驻留在钻孔深度表示在钻孔底部是否停留，勾选"活动"选项后，可以指定刀具在钻削到孔的最深处时的停留时间，对应于钻孔循环指令中的 P_。驻留模式的各选项说明如下：

1）关：该选项指定刀具钻到孔的最深处时不暂停。

2）开：该选项指定刀具钻到孔的最深处时停留，停留时间由数控系统的模态指定 P_ 决定。

3）秒：该选项指定暂停时间的秒数，将输出 P_。

4）转：该选项指定暂停的转数，输出的 P_ 将是经过计算得到的时间。

循环方式为"钻，深孔"或者"钻，深孔，断屑"时，需要设置步进，如图 4-111 所示。步进表示每次工进的深度值，对应于钻孔循环指令中的 Q_。深度增量指定为"恒定"后，再指定最大距离。

图 4-110 "循环参数"对话框

图 4-111 "步进"选项组

3. 切削参数

钻孔工序的切削参数相对较少，"切削参数"对话框中只有"策略""余量"和"更多"3 个选项卡。单击"切削参数"按钮，打开"切削参数"对话框，显示"策略"选项卡，如图 4-112 所示。

1）顶偏置：设置从顶面偏置的长度。

2）Rapto 偏置：定义最小逼近安全平面的偏置距离，以启动钻孔循环，通过"Rapto 偏置"的距离设置可以调整钻孔的起始高度。设置为"自动"时可以自动为沉头孔或埋头孔钻孔计算值。

3）底偏置：适用于通孔，设置刀具从底面向下偏置的长度，可以指定为正值向下偏置，也可以指定为负值向上偏置。

应用"机床加工周期"输出时，R 值将是顶偏置的距离减去 Rapto 偏置的距离。设置底偏置为正值指定穿过加工底面的穿透量，以确保通孔被钻穿。

4. 非切削移动

钻孔工序的非切削移动设置相对简单，最主要是定义特征之间的转移类型。钻孔工序的"非切削移动"对话框中的"转移/快速"选项卡如图 4-113 所示，特征之间的转移类型可以选择"安全距离-刀轴""安全距离-最短距离""安全距离-切削平面""直接"或"Z 向最低安全距离"。

图 4-112 "切削参数"对话框

图 4-113 "非切削移动"对话框中的"转移/快速"选项卡

5. 切削碰撞检查

取消勾选"切削碰撞检查"选项，当刀具的非切削部分接触部件或检查几何形状时，会发生碰撞。

6. 过切检查

取消勾选"过切检查"选项，当刀具去除不应从零件几何体中去除的材料或检查几何体时，会发生过切。

在传统的钻孔工序中，即使勾选"过切检查"选项，系统也能够生成刀轨，并能后处理输出加工程序；而在指定特征几何体时，会有"刀具将过切部件"的提示，因此需要在选择孔时特别注意。

【任务实施】

创建钻孔加工的钻孔工序的步骤如下。

◆ 步骤 1 创建钻孔工序

单击"插入"工具条中的"创建工序"按钮，系统打开"创建工序"对话框。选择工序子类型为"钻孔" 🔾，单击"确定"按钮，打开"钻孔"工序对话框。

◆ 步骤 2 新建刀具

在"钻孔"工序对话框中展开"工具"选项组，单击"新建刀具"按钮 🗷，系统弹出"新建刀具"对话框，选择刀具子类型为"钻刀"，指定名称为"T5-STD_DRILL_7.8"，如图 4-114 所示。单击"确定"按钮，系统将打开"钻刀"对话框，设置直径为"7.8"，刀具号和补偿寄存器号为"5"，如图 4-115 所示。单击"确定"按钮，返回"钻孔"工序对话框。

4-6

◆ 步骤 3 指定特征几何体

在"钻孔"工序对话框中,单击"指定特征几何体"按钮 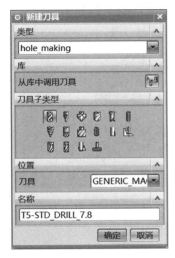,系统弹出"指定特征几何体"对话框,将视角调整为俯视图,在图形区窗选左侧的 4 个孔特征,如图 4-116 所示;再窗选右侧的 4 个孔特征,如图 4-117 所示。

图 4-114 "新建刀具"对话框

图 4-115 "钻刀"对话框

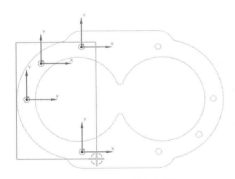

图 4-116 选择左侧孔

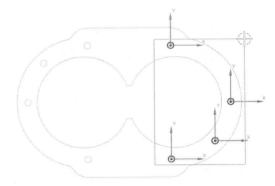

图 4-117 选择右侧孔

在"指定特征几何体"对话框的"序列"选项组中选择优化方法为"最短刀轨",单击"重新排序列表"按钮,所有的钻孔点将按最短距离进行重新排序。单击"确定"按钮,返回"钻孔"工序对话框。

◆ 步骤 4 刀轨设置

在"钻孔"工序对话框中选择运动输出为"机床加工周期",循环类型为"钻,深孔",如图 4-118 所示。

◆ 步骤 5 循环参数设置

系统弹出"循环参数"对话框,设置步进的深度增量为"恒定",最大距离为"5mm",如图 4-119 所示。

单击"确定"按钮,返回"钻孔"工序对话框。

◆ 步骤 6　设置切削策略参数

在"钻孔"工序对话框中单击"切削参数"按钮，打开"切削参数"对话框，显示"策略"选项卡，设置顶偏置的距离为"1"，底偏置的距离为"1"，如图 4-120 所示。单击"确定"按钮，返回"钻孔"工序对话框。

图 4-118　"刀轨设置"选项组

图 4-119　"循环参数"对话框

◆ 步骤 7　非切削移动设置

在"钻孔"工序对话框中单击"非切削移动"按钮，打开"非切削移动"对话框，在"转移/快速"选项卡中，设置安全设置选项为"使用继承的"，指定特征之间的转移类型为"直接"，如图 4-121 所示。单击"确定"按钮，返回"钻孔"工序对话框。

图 4-120　"切削参数"对话框

图 4-121　"非切削移动"对话框

◆ 步骤 8　设置进给率和速度

单击"进给率和速度"按钮，弹出"进给率和速度"对话框，设置主轴转速（rpm）为"1000"，切削进给率为"200mmpm"，单击"计算"按钮，进行计算。

单击"确定"按钮，返回"钻孔"工序对话框。

◆ 步骤 9　生成刀轨

在"钻孔"工序对话框中单击"生成"按钮，计算生成刀轨，生成的刀轨如图 4-122所示。

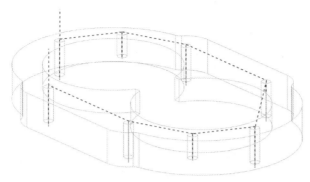

图 4-122　生成刀轨

◆ 步骤 10　确定工序

对生成的刀轨进行检验，图 4-123 所示为左视图方向以静态线框显示的刀轨。确认刀轨后单击"钻孔"工序对话框底部的"确定"按钮，接受刀轨并关闭工序对话框。

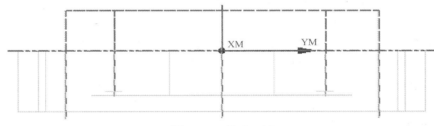

图 4-123　检验刀轨

◆ 步骤 11　确认刀轨

打开工序导航器-程序顺序视图，选择根节点"NC_PROGRAM"。在工具条中单击"确认刀轨"按钮，系统打开"刀轨可视化"对话框，在中间选择"3D 动态"选项卡，再单击下方的"播放"按钮▶，在图形上将进行实体切削仿真，图 4-124 所示为仿真切削结果。

最后单击"确定"按钮，完成刀轨确认。

◆ 步骤 12　保存文件

单击工具栏顶部的"保存"按钮，保存文件。

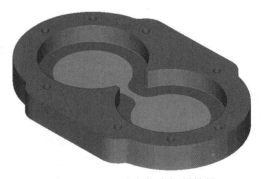

图 4-124　3D 动态仿真切削结果

【精益求精】

本任务采用钻孔工序完成钻孔加工，在完成过程中，应当注意以下几点：

1）指定特征几何体时，调整视角可以方便选择。为避开不需要的特征，可以采用多次窗选的方式。

2）对于多次窗选指定的点，需要进行优化排序，可按"最短刀轨"排序，其空行程最短。

3）循环类型选择为"钻、深孔"时，采用断屑钻方式，需要指定步进深度，深孔钻可以方便排屑。

4）切削参数中的顶偏置表示开始钻削高度，即 R 值，底偏置表示通孔穿出距离，可以保证钻穿。

5）非切削移动中将特征之间的转移设置为"直接"，即在 R 点高度平移，使用这种方法可以缩短空行程，但必须要注意安全。

【挑战一下】

本任务使用钻孔工序进行钻孔加工。在零件上，还有两个 ϕ8mm 的销孔需要进行铰孔加工，铰孔加工深度为 12mm，请创建一个钻孔工序完成铰孔加工。

拓展知识：钻与孔铣

4-7

在 UG NX 10.0 以前的版本中，钻孔加工所用的模板为"drill"，它与"hole_making"模板中钻孔加工工序子类型有点类似，"drill"模板中创建工序类型与部件几何体的关联度较低，因而也更具有灵活性。在特定环境下，应用"drill"模板中的钻工序创建钻孔加工的工序也更为方便。有关钻孔加工工序的创建，请扫描二维码了解详细应用。

在"hole_making"模板和"mill_planar"中都有孔铣、槽铣削和螺纹铣工序。对于直径较大的孔的加工，可以用孔铣工序进行扩孔加工。孔铣使用平面螺旋或者空间螺旋线的方式来铣削加工孔。有关孔铣工序的创建与参数设置，请扫描二维码进行学习。

4-8

练习与评价

【回顾总结】

本项目完成了一个泵盖的数控加工编程，通过 6 个任务介绍了在 UG NX 软件中创建平面铣工序和钻孔工序的相关知识与技能。图 4-125 所示为本项目的思维导图。

【自测项目】

完成图 4-126 所示某零件（E4. prt）的数控加工程序创建。具体工作任务如下：

1）创建坐标系几何体和工件几何体。

2）创建粗加工平面铣工序。

3）创建外侧面精加工的精铣壁工序。

4）创建凹槽精加工的底壁铣工序。

5）创建窄槽加工的平面轮廓铣工序。

6）创建钻孔加工工序。

7）创建铰孔加工工序。

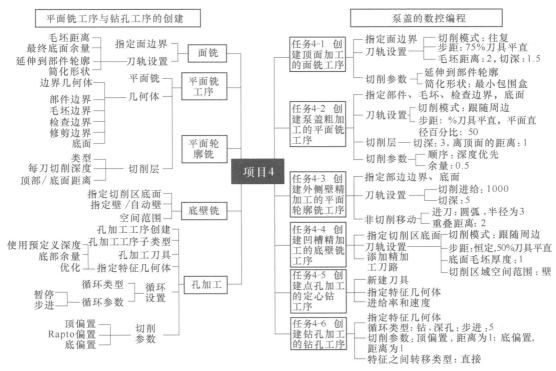

图 4-125 项目 4 思维导图

8）创建倒角加工工序。

9）创建孔铣加工工序。

图 4-126 自测题

【思考练习】

1. 平面铣与型腔铣工序有何相同点与不同点？

2. 平面铣的切削层如向设置？

3. 平面铣部件边界、毛坯边界和检查边界的刀具侧如何确定？

4. 指定部件边界有哪几种方法？

5. 凹槽底面加工可以用哪几种工序子类型？

6. 钻孔工序中的循环类型有哪几种，分别对应哪个 G 代码指令？

7. 钻孔工序中指定点位时如何进行切削顺序的优化？

8. 标准钻孔指令中的 R_、P_和 Q_分别如何设置？

【学习评价】

序号	评价内容	达成情况		
		优秀	合格	不合格
1	扫描二维码完成基础知识测验题,测验成绩			
2	能正确指定平面铣工序的部件边界、毛坯边界和修剪边界几何体			
3	能正确设置平面铣工序的切削层参数			
4	能正确指定孔加工特征几何体			
5	能设置合理参数,完成顶面加工的面铣工序的创建			
6	能设置合理参数,完成粗加工的平面铣工序的创建			
7	能设置合理参数,完成平面轮廓铣工序的创建			
8	能设置合理参数,完成底壁铣工序的创建			
9	能设置合理参数,完成孔加工的钻孔工序的创建			
10	能完成各任务的"挑战一下"			
	综合评价			

存在的主要问题：_____

_____

_____

项目 5

头盔凸模的数控编程

【项目概述】

本项目要求完成一个头盔凸模（图 5-1）的数控加工程序编制，零件材料为 45 钢，毛坯为立方块，六面均已光整加工，零件文件为 "T5. prt"。

头盔凸模是一个较为复杂的模具零件，需要按粗加工、半精加工和精加工的顺序进行加工。在精加工中，还需要按照加工区域的特点进行加工区域的划分。通过对本项目学习，学生应掌握 UG NX 编程中区域铣削驱动的固定轮廓铣工序的创建与应用。

图 5-1　头盔凸模

【项目目标】

➤ 了解高速铣加工的特点和工序设置的要点。
➤ 了解剩余铣的特点与应用。
➤ 了解固定轮廓铣的特点与应用。
➤ 掌握区域铣削驱动方法的设置。
➤ 能够合理选择复杂零件曲面的精加工方式。
➤ 能够正确设置参数，创建半精加工的剩余铣工序。
➤ 能够正确设置驱动参数，创建精加工的区域轮廓铣工序。
➤ 能够合理选择陡峭空间范围与切削模式，创建区域轮廓铣工序。
➤ 能够正确设置驱动方法参数，创建清根参考刀具工序。

任务 5-1　创建粗加工的型腔铣工序

【任务目标】

➤ 了解高速铣加工的特点与应用。

➢ 能够正确进行加工前的准备工作。

➢ 能够合理设置适用于高速铣削的刀轨参数。

➢ 能够正确创建复杂零件的粗加工型腔铣工序。

【任务分析】

在模具型腔这种典型的单件生产中，零件毛坯往往是一个标准的立方块，而且毛坯通常会进行初步的光面处理。对于毛坯上大部分的余量，需要在粗加工中去除。在创建粗加工工序时，一般使用型腔铣工序，并且选择较大直径的刀具来提高粗加工的加工效率。

在本任务中，首先要进行初始设置，包括刀具和几何体的创建，然后进行粗加工工序的创建。

在加工模具零件时，为提高加工效率，可以使用高速铣对硬度较高的材料进行加工。

【知识链接：高速铣加工】

高速铣加工是指在高的主轴旋转速度和高的进给速度下的切削加工，其已经成为提高加工效率与加工质量的重要途径之一，尤其适用于加工高硬度的材料、薄壁的零件、对曲面精度要求较高的零件以及结构复杂且有较多细节部位的零件。

5.1.1 高速铣编程原则与编程策略

1. 高速铣编程原则

高速加工以小的径向和轴向切削深度、较小而恒定的切削负荷、高出普通切削几倍的切削速度和进给速度完成对工件的加工。由于进给速度很大，机床运动部件（主轴或工作台等）的惯性就成为不能忽略的一个要素，因而在高速铣编程时需要注意以下原则：

1）高进给、高转速、低切削量是基本原则。

2）垂直进刀要尽量使用螺旋进给，应避免垂直下刀。

3）要尽可能保证刀具运动轨迹的光滑与平稳，尽可能减少任何切削方向的突然变化。

4）要尽量减少全刀宽切削，保持金属切除率的稳定性。

5）最好使用顺铣，且在切入和切出工件时，使用圆弧方式切入或离开工件。

6）要在精加工前保证所留余量均匀，以减少精加工时切削负荷的变化。

7）应避免多余空刀，缩短空行程，并尽可能减少刀具的换向次数和加工区域之间的跳转次数。

8）要优先采用 NURBS（样条线）输出，以减小程序量，提高数控系统的处理速度。

9）要保证安全，在输出程序前必须进行仔细的碰撞和过切检查。

2. 高速加工编程策略

1）采用型腔铣的摆线切削。在型腔铣加工中，窄槽加工或者初始切削会产生全刀切削的情况，刀具负荷急剧增大，不利于保证加工质量和保持切削进给。而使用摆线方式进行加工时，进入全刀切削部位时会使用摆线方式逐渐切入，产生回旋的刀具路径，其实际切削的行距变得较小，从而减小包角与切削负荷。

2）螺旋下刀。加工凸台或有敞口的型腔的工件时，刀具可从工件外围以水平圆弧等策略切入。对于有足够刀具回旋空间的封闭型腔，优先采用螺旋进刀或者往复斜线的方式切入。

3）刀轨的平滑过渡。在高速加工过程中急速换向的地方要减慢速度，急停或急动会破坏表面质量，且有可能因为过切而产生拉刀或在外拐角处咬边的情况。为了防止切削时速度矢量方向的突然改变，在刀轨拐角处需要增加圆弧过渡，避免出现尖锐拐角。

4）进给控制。在高速加工中，需要设置不同的进给量，在初始切削和转变切削方向时也应该考虑降低进给速度。使用适配进给控制，程序在运算时根据切削负荷和切削条件的变化，在转弯之前一段距离即开始减速，出弯后再加速，从而保持切削的平稳。

多数高速加工的编程策略应用在普通的数控编程中也可以起到很好的效果。

5.1.2　UG NX 的高速铣参数设置

在 UG NX 的刀轨设置，特别是切削参数中，对部分高级参数进行合理设置可以获得更加优化的高速加工刀轨。

1. 拐角处的刀轨形状

"拐角"选项卡用于设置在拐角处平滑过渡的刀轨，有助于预防刀具在进入拐角处产生偏离或过切，特别是对于高速铣加工，控制拐角可以保证加工的切削负荷均匀。

在"切削参数"对话框中，打开"拐角"选项卡，如图 5-2 所示，它包含"拐角处的刀轨形状""圆弧上进给调整"和"拐角处进给减速"3 个选项组。

"拐角处的刀轨形状"可以设置是否在刀轨转角处进行光顺处理，以避免切削方向的突变，平滑过渡刀轨。该选项组中的光顺选项有以下 3 个选项：

1）无：不添加圆角，以尖角过渡。

2）所有刀路：在所有转角处进行圆角过渡。

图 5-2　"拐角"选项卡

3）所有刀路（最后一个除外）：在除了最后一行刀轨外的其余刀轨的转角处进行圆角过渡，图 5-3 所示为不同光顺选项的刀轨示意图。

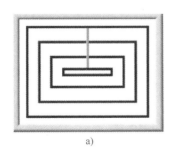
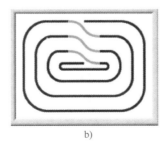

a)　　　　　　　　　　　b)　　　　　　　　　　　c)

图 5-3　"拐角处的刀轨形状"的光顺选项刀轨示意图

a）无　b）所有刀路　c）所有刀路（最后一个除外）

选择光顺过渡时，需要指定"半径"值，指定添加到拐角和步距运动的光顺圆弧半径。通常半径值不超过步距值的 50%。使用光顺圆角过渡后，在圆角处两行间的步距可能增大，"步距限制"可以限制最大步距值，可以设置在切削加工步距的 100%～300% 之间。

2. 圆弧上进给调整

通过调整进给率，可使刀具在铣削拐角时保证刀具外侧切削速度不变，而非刀具中心保持进给速度。选择"无"，不进行进给率的调整；选择"在所有圆弧上"，启用进给速度的调整，需要指定"最大补偿因子"和"最小补偿因子"，如图 5-4 所示。调整进给率可使铣削更加均匀，减少刀具切入或偏离拐角材料的机会，在高速加工时尤为重要。

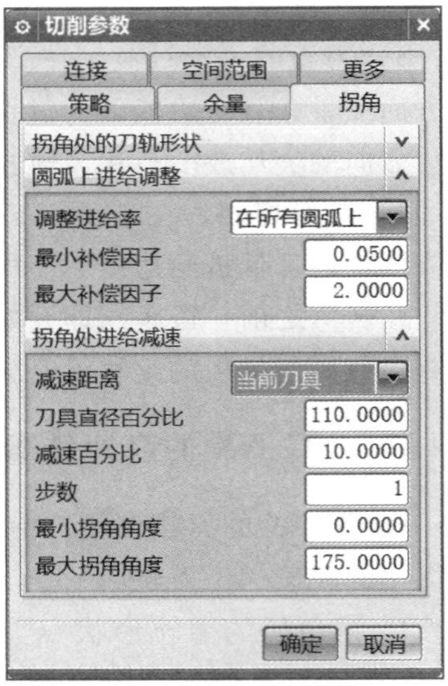

3. 拐角处进给减速

在零件的拐角处对刀具进给降速。选择"无"，将不使用进给减速；选择"当前刀具"或"上一个刀具"，分别以当前刀具或前一个刀具的直径作为减速距离的参考。

1）"刀具直径百分比"：使用刀具直径对应的百分比作为减速距离。

2）"减速百分比"：设置原有进给率的减速百分比。

3）"步数"：设置应用到进给率的减速步数。

图 5-4　"圆弧上进给调整"和"拐角处进给减速"选项组

4）"最小拐角角度"和"最大拐角角度"：指定拐角范围，在范围以外的拐角不进行减速处理。

在进给速度很高的切削运动中，拐角处相当于在一个方向刹车再转向加速，会对机床产生较大的冲击。通过对拐角处进给减速，可以提前平稳地降速，避免对机床产生大的冲击，避免零件在凹角切削时产生啃刀现象。

4. 摆线设置

摆线切削模式采用回环控制嵌入的刀具，可以避免过量切削材料，特别适用于高速铣加工。当型腔铣工序选择切削模式为"摆线"时，"切削参数"对话框的"策略"选项卡中将有"摆线设置"选项组。刀路方向为"向内"时，只有"摆线宽度"一个选项；刀路方向为"向外"时，摆线参数设置如图 5-5 所示，图 5-6 所示为各参数的含义。

图 5-5　"切削参数"对话框

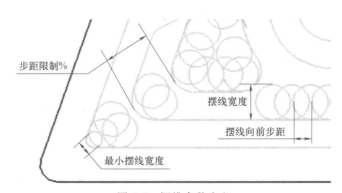

图 5-6　摆线参数含义

1）摆线宽度：在刀轨中心线处测量的摆线圆的直径。

2）最小摆线宽度：允许的摆线圆的最小直径。使用可变的摆线宽度可加强在尖角和狭槽中对刀轨的控制。

3）步距限制%：输入的步距可超过在主工序对话框中指定的步距的最大数值。

4）摆线向前步距：摆线圆沿刀轨相互间隔的距离值。

要形成摆线切削，通常选择刀路方向为"向外"。设置时，摆线宽度、最小摆线宽度、步距限制%和摆线向前步距值会相互作用。如果设置不合适的值，将不能产生摆线切削的刀轨。可以先以系统默认值生成刀轨，再进行微调。

5. 优化进给率

优化进给率选项可优化进给率，以保持恒定的材质去除率。在"进给率和速度"对话框中勾选"在生成时优化进给率"选项，如图 5-7 所示。输出的加工程序如图 5-8 所示。

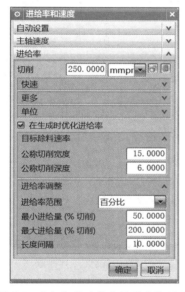

图 5-7 "在生成时优化进给率"选项

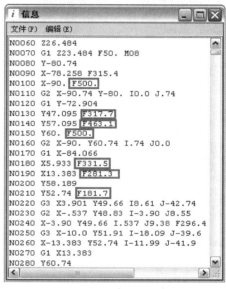

图 5-8 优化进给率后输出的加工程序

输入"公称切削宽度"和"公称切削深度"值计算工序的目标除料速率。

进给率调整范围可以使用"恒定"或者"百分比"来确定最小进给量和最大进给量。长度间隔可指定刀轨段的长度，每隔一个指定长度间隔对进给率进行调整。

【任务实施】

创建头盔凸模粗加工的型腔铣工序的步骤如下。

◆ 步骤 1 启动 UG NX 并打开模型文件

启动 UG NX 软件，打开文件名为"T5.prt"的头盔凸模模型文件。

◆ 步骤 2 检视模型

从不同角度检视模型，确认其无明显错误，并使用测量工具确定零件大小和关键点的坐标值。确认零件的工作坐标系原点在零件分型面的中心，如图 5-9 所示。

5-1

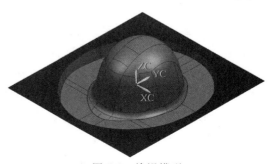

图 5-9 检视模型

◆ 步骤3　进入加工模块

在"应用模块"选项卡中单击"加工"按钮，弹出"加工环境"对话框，选择"要创建的 CAM 设置"为"mill_contour"。单击"确定"按钮，进行加工环境的初始化设置。

◆ 步骤4　创建刀具

单击"创建刀具"按钮，系统弹出"创建刀具"对话框，设置刀具子类型为"铣刀"，名称为"T1-D63R6"，如图 5-10 所示。单击"应用"按钮，打开"铣刀-5 参数"对话框，如图 5-11 所示。设置刀具直径为"63"，下半径为"6"，刀刃数为"4"，刀具号为"1"，单击"确定"按钮，完成创建铣刀"T1-D63R6"。

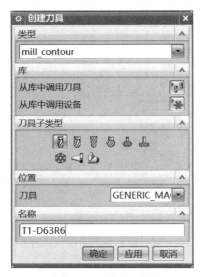

图 5-10　创建刀具

图 5-11　设置刀具参数

创建名称为"T2-D32R6"的铣刀，设置刀具直径为"32"，下半径为"6"，刀具号为"2"，单击"确定"按钮，完成创建刀具"T2-D32R6"。

创建名称为"T3-D16R8"的铣刀，设置刀具直径为"16"，下半径为"8"，刀具号为"3"，单击"确定"按钮，完成创建刀具"T3-D16R8"。

创建名称为"T4-D8R4"的铣刀，设置刀具直径为"8"，下半径为"4"，刀具号为"4"，单击"确定"按钮，完成创建刀具"T4-D8R4"。

◆ 步骤5　创建坐标系几何体

单击"创建几何体"按钮，系统将打开"创建几何体"对话框，如图 5-12 所示。选择几何体子类型为"MCS"，输入名称为"MCS"，单击"确定"按钮，进行坐标系几何体的建立。系统将打开"MCS"对话框，如图 5-13 所示。在"MCS"对话框中的"安全设置"选项组下，指定安全设置选项为"平面"，在零件上拾取水平面，并指定向上偏置"160"，如图 5-14 所示。单击"MCS"对话框中的"确定"按钮，完成坐标系几何体"MCS"的创建。

◆ 步骤6　创建铣削几何体

单击"创建几何体"按钮，系统将打开"创建几何体"对话框，选择几何体子类型为"铣削几何体"，位置几何体为"MCS"，如图 5-15 所示。单击"确定"按钮，打开"铣削几何体"对话框，如图 5-16 所示。

图 5-12 "创建几何体"对话框

图 5-13 "MCS"对话框

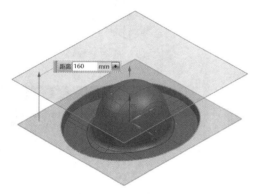

图 5-14 指定平面

图 5-15 "创建几何体"对话框

◆ 步骤 7 指定部件

在对话框中单击"指定部件"按钮，在选择工具条中选择过滤方式为"面"，窗选所有曲面，图形上所有的面都改变颜色显示，表示已经选中的部件几何体，如图 5-17 所示。

图 5-16 "铣削几何体"对话框

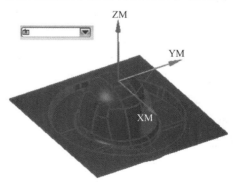

图 5-17 指定部件

单击"确认"按钮，完成部件几何体的选择并返回"铣削几何体"对话框。

◆ 步骤 8　指定毛坯

在"铣削几何体"对话框中单击"指定毛坯"按钮 ⊕，系统弹出"毛坯几何体"对话框，指定类型为"包容块"，并指定 ZM-方向限制值为"30"，ZM+方向限制值为"1"，如图 5-18 所示。在图形区将显示预览的毛坯，如图 5-19 所示。单击"确认"按钮，完成毛坯几何体的指定并返回"铣削几何体"对话框。单击"确认"按钮，完成铣削几何体的创建。

图 5-18　"毛坯几何体"对话框

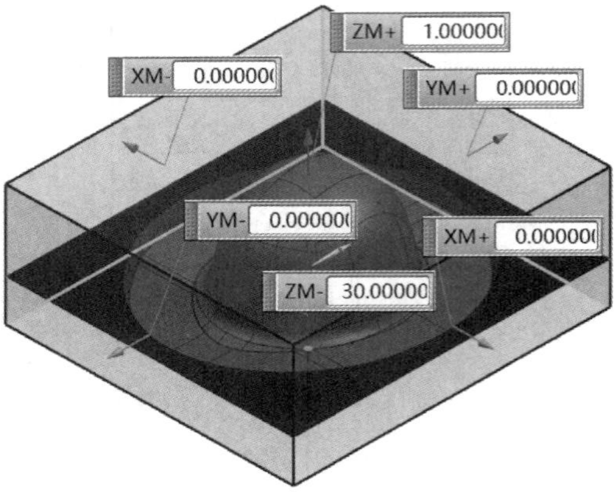

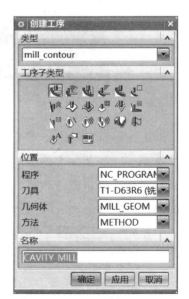

图 5-19　预览毛坯

◆ 步骤 9　创建型腔铣工序

单击"创建工序"按钮，系统将弹出"创建工序"对话框，选择工序子类型为"型腔铣" ，刀具为"T1-D63R6"，几何体为"MILL_GEOM"，如图 5-20 所示。单击"确定"按钮，打开"型腔铣"工序对话框。

◆ 步骤 10　指定修剪几何体

在"型腔铣"工序对话框中单击"指定修剪边界"按钮 ，系统打开"修剪边界"对话框，默认选择方法为"面"，指定修剪侧为"外侧"，如图 5-21 所示。拾取模型的水平面，则平面的外边缘将成为修剪边界几何体，如图 5-22 所示。单击"确定"按钮，返回"型腔铣"工序对话框。

◆ 步骤 11　设置刀轨

在"型腔铣"工序对话框中展开"刀轨设置"选项组，选择切削模式为"跟随周边"，设置步距为"恒定"，最大距离为"45mm"，公共每刀切削深度为"恒定"，最大距离为"1.2mm"，如图 5-23 所示。

图 5-20　"创建工序"对话框

◆ 步骤 12　设置切削策略参数

在"型腔铣"工序对话框中单击"切削参数"按钮 ，进入"切削参数"对话框。首先打开"策略"选项卡，设置切削顺序为"深度优先"，如图 5-24 所示。

图 5-21 "修剪边界"对话框

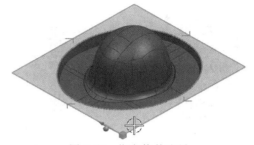

图 5-22 指定修剪边界

图 5-23 "刀轨设置"选项组

图 5-24 "策略"选项卡

◆ 步骤 13　设置余量参数

单击"切削参数"对话框顶部的"余量"选项卡，打开"余量"选项卡，如图 5-25 所示。设置余量和公差参数，取消勾选"使底面余量与侧面余量一致"选项，设置部件侧面余量和部件底面余量分别为"0.6""0.3"，粗加工时内、外公差值均为"0.1"。

◆ 步骤 14　设置拐角参数

单击"切削参数"对话框顶部的"拐角"选项卡，打开"拐角"选项卡，如图 5-26 所示。设置拐角处的刀轨形状，选择光顺为"所有刀路"；设置拐角处进给减速中的减速距离为"当前刀具"，减速百分比为"60"，步数为"2"。单击"确定"按钮，返回"型腔铣"工序对话框。

◆ 步骤 15　设置进刀选项

单击"非切削移动"按钮，弹出"非切削移动"对话框，首先显示"进刀"选项卡，在封闭区域采用"螺旋"方式进刀，斜坡角度为"10"，高度起点为"当前层"；在开放区域使用进刀类型为"线性"，长度为"60%刀具直径"，如图 5-27 所示。

图 5-25 "余量"选项卡

图 5-26 "拐角"选项卡

◆ 步骤 16　设置退刀选项

打开"退刀"选项卡，设置退刀类型为"无"，如图 5-28 所示。

图 5-27 "进刀"选项卡

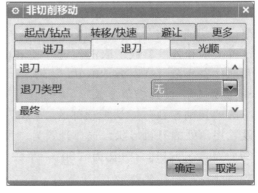

图 5-28 "退刀"选项卡

◆ 步骤 17　设置转移方法

打开"转移/快速"选项卡，设置安全设置选项为"使用继承的"；区域之间的转移类型为"安全距离-刀轴";区域内的转移方式为"进刀/退刀",转移类型为"安全距离-刀轴",如图 5-29 所示。单击"确定"按钮,返回"型腔铣"工序对话框。

◆ 步骤 18 设置进给率和速度

单击"进给率和速度"按钮 ，弹出"进给率和速度"对话框，设置表面速度（smm）为"250"，每齿进给量为"0.25"，单击"计算"按钮 ，得到主轴转速与切削进给率。展开进给率下的"更多"选项组，设置进刀为"50%切削进给率"，第一刀切削为"70%切削进给率"，如图 5-30 所示。单击"确定"按钮，返回"型腔铣"工序对话框。

图 5-29 "转移/快速"选项卡

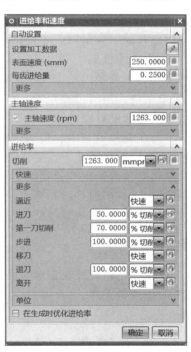

图 5-30 "进给率和速度"对话框

◆ 步骤 19 生成刀轨

在"型腔铣"工序对话框中单击"生成"按钮 ，计算生成刀轨，生成的刀轨如图 5-31 所示。

◆ 步骤 20 确定工序

对刀轨进行检视，确认刀轨后单击"确定"按钮，接受刀轨并关闭"型腔铣"工序对话框。

【精益求精】

在完成本任务的初始设置以及粗加工工序创建时，应当注意以下几点：

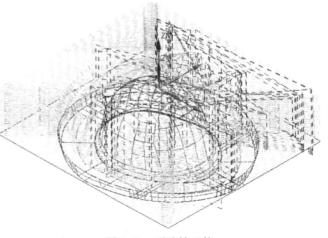

图 5-31 型腔铣刀轨

1）创建铣削几何体时，"创建几何体"对话框的"位置"选项组中的几何体必须选择坐标系几何体 MCS，以继承坐标系中设置的参数。

2）指定部件几何体时，由于零件模型是曲面模型，因而过滤方式不能使用默认的"实体"来指定部件。

3）创建毛坯几何体时，在顶部向上进行小量的扩展，在底部向下扩展，符合实际加工时的毛坯形状，并且在可视化的刀轨检视时有更好的效果。

4）为限定切削范围，指定毛坯的边缘作为修剪边界，将外侧的路径进行修剪。指定修剪边界可以将刀路限制在毛坯范围之内，不生成多余的路径，指定修剪边界时，一定要注意修剪侧为"外侧"。

5）在设置余量时，考虑部件的侧面还要进行半精加工，而底面不再进行半精加工，设置不同的部件余量。

6）为了光顺刀路，使切削过程中刀具负荷稳定，应进行拐角设置，设置拐角处的刀轨形状为光顺"所有刀路"。

7）非切削移动的进刀选项设置封闭区域采用螺旋下刀，退刀设置为"无"，直接抬刀。

8）在转移设置中，设置区域内的转移类型为"安全距离-刀轴"，使刀具在完成一层切削后抬刀到安全平面，方便在加工过程中对刀具进行检查。

9）设置进给率和速度时，可以输入刀具推荐的表面速度与每齿进给量，由系统计算得到主轴转速与切削进给。进刀时，刀具负荷较大且变化剧烈，第一刀切削时可能会产生全刀宽的切削，应指定相对较低的进给率以保护刀具。

【挑战一下】

本任务创建型腔铣工序时采用的切削模式为"跟随周边"，请尝试创建切削模式为"摆线"的型腔铣工序。

任务 5-2 创建半精加工的剩余铣工序

【任务目标】

➤ 了解剩余铣工序的特点与应用。
➤ 能够正确创建剩余铣工序。

【任务分析】

进行粗加工后，为使精加工时余量更加均匀，需要进行半精加工。UG NX 提供了一种剩余铣工序，用于切削前一刀具无法触及的剩余材料。

【知识链接：剩余铣】

剩余铣也称为残料铣削，剩余铣是型腔铣工序的一种子类型。在创建工序时，选择工序子类型为"剩余铣"，如图 5-32 所示，创建剩余铣工序。"剩余铣"工序对话框如图 5-33 所示，可以看到，它与型腔铣工序的选项是完全相同的。

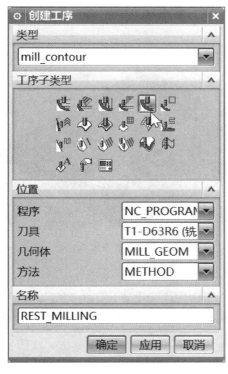

图 5-32 "创建工序"对话框

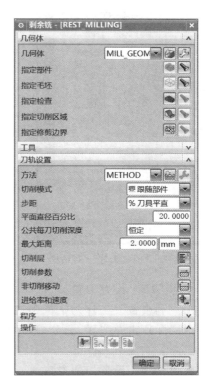

图 5-33 "剩余铣"工序对话框

剩余铣工序的创建与型腔铣工序创建是相同的，但是它将自动以前面工序残余的部分材料作为毛坯进行加工。剩余铣常用于形状较为复杂，且凹角比较多的情况。例如，较大型零件在粗加工时为了保证效率，需要选择直径较大的刀具进行粗加工，由于刀具直径较大，那么在细小的窄槽将无法进入，因而会留下较多残料。对于这种残料，可以选择剩余铣方式来创建一个二次粗加工的工序，使用较小的刀具来清除前一刀具无法加工的部位。

剩余铣选择的几何体组必须包括部件几何体和毛坯几何体。

工序导航器-程序顺序视图中，在剩余铣之前的任一工序进行了编辑或顺序变更后，剩余铣都需要重新生成。

【任务实施】

创建半精加工的剩余铣工序的步骤如下。

5-2

◆ 步骤 1 创建工序

单击"创建工序"按钮，选择工序子类型为"剩余铣" ⛏️，刀具为"T2-D32R6"，几何体为"MILL_GEOM"，方法为"MILL_SEMI_FINISH"，如图 5-34 所示。单击"确定"按钮，完成工序的创建。

◆ 步骤 2 指定切削区域

在"剩余铣"工序对话框中单击"指定切削区域"按钮 🔷，在图形区选取除水平面以外的所有面，如图 5-35 所示。单击"确定"按钮，返回"剩余铣"工序对话框。

图 5-34 "创建工序"对话框

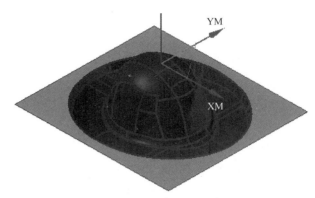

图 5-35 指定切削区域

◆ 步骤 3 设置刀轨

在"剩余铣"工序对话框中选择切削模式为"跟随周边"，设置步距为"% 刀具平直"，平面直径百分比为"50"，公共每刀切削深度为"恒定"，最大距离为"0.6mm"，如图 5-36 所示。

◆ 步骤 4 设置切削参数

在"剩余铣"工序对话框中，单击"切削参数"按钮 ，进入"切削参数"对话框。首先打开"策略"选项卡，设置切削顺序为"深度优先"，如图 5-37 所示。完成设置后单击"确定"按钮，返回"剩余铣"工序对话框。

图 5-36 "刀轨设置"选项组

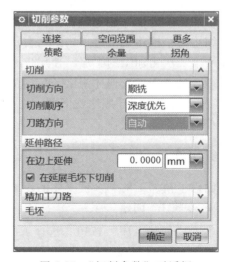

图 5-37 "切削参数"对话框

◆ 步骤 5 设置非切削移动

单击"非切削移动"按钮 ，弹出"非切削移动"对话框，首先显示"进刀"选项卡，在封闭区域采用"螺旋"方式进刀；在开放区域使用进刀类型为"线性"，长度为

"10%刀具平直"，最小安全距离为"无"，如图 5-38 所示。

打开"转移/快速"选项卡，设置区域内的转移类型为"直接"，如图 5-39 所示。单击"确定"按钮，返回"剩余铣"工序对话框。

图 5-38　"进刀"选项卡

图 5-39　"转移/快速"选项卡

◆ 步骤 6　设置进给率和速度

单击"进给率和速度"按钮，弹出"进给率和速度"对话框，设置表面速度（smm）为"220"，每齿进给量为"0.22"，单击"计算"按钮，得到主轴转速与切削进给率。展开"更多"选项组，设置进刀为"50%切削进给率"。单击"确定"按钮，返回"剩余铣"工序对话框。

◆ 步骤 7　生成刀轨

在"剩余铣"工序对话框中单击"生成"按钮，计算生成刀轨，生成的刀轨如图 5-40 所示。

◆ 步骤 8　确定工序

对刀轨进行检视，确认刀轨后单击"确定"按钮，接受刀轨并关闭"剩余铣"工序对话框。

【精益求精】

本任务使用剩余铣工序进行半精加工，在完成本任务时，应当注意以下几点：

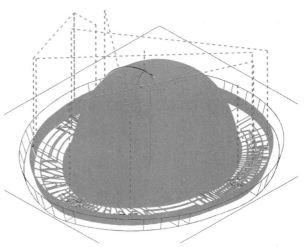

图 5-40　剩余铣刀轨

1）创建剩余铣时选择的几何体组必须是指定了部件和毛坯的工件几何体。

2）这里选择的加工方法为"MILL_SEMI_FINISH"（半精铣），该方法指定切削余量为"0.3"，剩余铣的余量将影响加工范围。

3）指定切削区域是为了避免在水平面之上生成刀轨。

4）由于零件的加工底面并不平整，会被分割成若干个切削区域，因而要指定切削顺序为"深度优先"，按区域进行加工。

5）由于零件已经完成粗加工，表面余量并不大，因而开放区域的进刀距离可以相对较小，而且可以将"最小安全距离"设置为"无"。

6）在转移设置中，设置区域内的转移类型为"直接"，减少抬刀。

7）设置进给率和速度时，可以输入刀具推荐的表面速度和每齿进给量，由系统计算得到主轴转速和切削进给，设置相对较低的进刀速度。

【挑战一下】

本任务采用剩余铣工序进行零件的半精加工，请尝试采用深度轮廓铣工序并进行合理的设置，完成半精加工工序的创建。

任务 5-3　创建水平面精加工的固定轮廓铣工序

【任务目标】

➢ 了解固定轮廓铣的特点与应用。

➢ 了解固定轮廓铣的子类型。

➢ 了解固定轮廓铣的驱动方法。

➢ 掌握固定轮廓铣的切削参数设置方法。

➢ 掌握固定轮廓铣的非切削移动设置方法。

➢ 能够创建区域铣削驱动的固定轮廓铣工序。

【任务分析】

零件在半精加工之后要进行精加工。外分型面是一个水平面，可以选择的工序子类型有很多，本任务选择使用曲面精加工常用的固定轮廓铣工序，并指定驱动方法为"区域铣削"进行加工。

【知识链接：固定轮廓铣】

5.3.1　固定轮廓铣及其子类型

固定轮廓铣也称为固定轴曲面轮廓铣，其刀轴是固定的，加工对象是曲面，生成刀轨只在零件轮廓上。相对于型腔铣而言，固定轮廓铣只在零件轮廓上生成刀轨，而型腔铣则在曲面轮廓与毛坯之间的切削范围内生成逐层加工的刀轨。

固定轮廓铣的刀轨是经由投影驱动点到零件表面而产生的。固定轮廓铣的主要控制要素为驱动几何体，在驱动几何图形及边界上建立一系列的驱动点，并将驱动点沿着指定矢量的方向投影至零件表面，生成刀轨。

固定轮廓铣工序可在复杂曲面上产生精密的刀轨，是UG NX 中用于曲面精加工的主要加工方式。通过不同的驱动方法的设置，可以获得不同的刀轨形式，固定轮廓铣适用于不同特点的曲面精加工。

创建工序时，设置类型为"mill_contour"，工序子类型中的第 2 行和第 3 行都是固定轮廓铣的不同工序子类型，如图 5-41 所示。固定轮廓铣不同的工序子类型的中英文说明见表 5-1。其中，"固定轮廓铣"  是基本型，而"区域轮廓铣" 则是常用于曲面精加工的工序子类型。

"固定轮廓铣"工序对话框如图 5-42 所示，相对于"型腔铣"工序对话框，增加了"驱动方法"和"投影矢量"选项组。在三轴铣编程中，投影矢量一般选择"刀轴"。

图 5-41 固定轮廓铣的子类型

表 5-1 固定轮廓铣的子类型的中英文说明

图标	英文	中文含义
	FIXED_CONTOUR	固定轮廓铣
	CONTOUR_AREA	区域轮廓铣
	CONTOUR_SURFACE_AREA	曲面区域轮廓铣
	STREAMLINE	流线
	CONTOUR_AREA_NON_STEEP	非陡峭区域轮廓铣
	CONTOUR_AREA_DIR_STEEP	陡峭区域轮廓铣
	FLOWCUT_SINGLE	单刀路清根
	FLOWCUT_MULTIPLE	多刀路清根
	FLOWCUT_REF_TOOL	清根参考刀具
	CONTOUR_TEXT	轮廓文本

"固定轮廓铣"工序对话框中的几何体组会对应不同的驱动方法而有所差别，如选择驱动方法为"区域铣削"，则有指定修剪边界和切削区域选项。

5.3.2 固定轮廓铣的切削参数

固定轮廓铣工序"刀轨设置"选项组中的参数相对于型腔铣要少，而且大部分参数与型腔铣是一致的。下面介绍切削参数中几个有差别的选项。

图 5-43 所示为固定轮廓铣的"切削参数"对话框。

选择不同的驱动方式以及在驱动参数中选

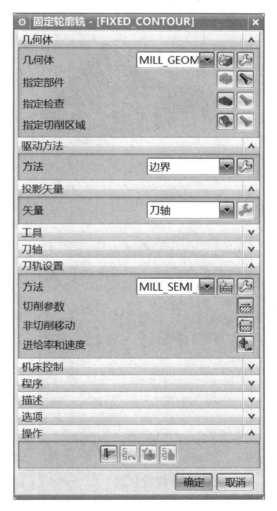

图 5-42 "固定轮廓铣"工序对话框

择不同的切削模式，"切削参数"选项卡中的"策略"选项卡中的部分选项将有所不同。

1. 在凸角上延伸

勾选"在凸角上延伸"选项，刀具切削到凸角端点的高度时，就将刀具平移到凸角的另一侧；取消勾选该选项，刀具切削到凸角端点的高度时，将沿圆弧移动到凸角的另一侧，图 5-44 所示为两者的对比。

2. 多刀路

"多刀路"选项用于分层切除零件材料，常用于铸造类毛坯零件的加工。切削层由部件表面的偏置产生，而不是由零件面上刀轨的 Z 向偏移得到。在"切削参数"对话框中打开"多刀路"选项卡，如图 5-45 所示。如图 5-46 所示为一个多刀路的应用示例。

部件余量偏置，指定在工序过程中去除的毛坯材料厚度。

图 5-43　"切削参数"对话框

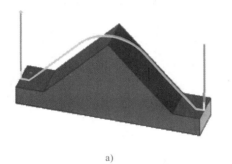 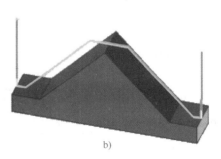

图 5-44　在凸角上延伸
a）取消勾选"在凸角上延伸"　　b）勾选"在凸角上延伸"

图 5-45　"多刀路"选项卡

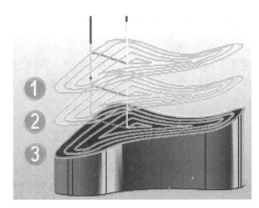

图 5-46　多刀路示例

勾选"多重深度切削"选项才能生成多层切削的刀轨。多层加工的步进方法可以使用"增量"或者"刀路数"进行定义。

1）增量：指定各路径层之间的间距，系统用加工余量偏置值除以增量值得到需要加工的层数。

2）刀路数：用于指定路径的总层数。输入刀路数值，系统自动计算增量，即用加工余量偏置值除以输入的刀路数得到余量增量，增量是均等的。

使用增量方式时，系统自动将最后一层的不足增量的距离当成一层来加工。

3. 安全设置

"切削参数"对话框的"安全设置"选项卡如图 5-47 所示，可以设置检查几何体过切时的处理方式以及检查安全距离。同时，可以设置刀具夹持器、刀柄、刀颈等刀具上非切削刃的部位及部件几何体的安全距离。

4. 更多

"切削参数"对话框的"更多"选项卡如图 5-48 所示，可以设置一些高级选项，如指定刀具切削向上或向下的角度限制等，一般使用默认值。当使用的刀具需要限制只向上或者只向下时，可以使用倾斜中的"向上斜坡角"或者"向下斜坡角"进行限制。

图 5-47 "安全设置"选项卡

图 5-48 "更多"选项卡

5.3.3 固定轮廓铣的非切削移动

固定轮廓铣的"非切削移动"对话框包括"进刀""退刀""光顺""转移/快速""避让"和"更多"6 个选项卡，大部分选项与型腔铣工序是相同的。

1. 进刀

固定轮廓铣"非切削移动"对话框的"进刀"选项卡如图 5-49 所示，没有封闭区域的进刀设置。其开放区域的进刀类型有 12 个选择，可以定义不同进刀形式以及方向，不同的进刀类型需要设置对应的半径、角度和延伸等参数。

2. 转移/快速

固定轮廓铣"非切削移动"对话框的"转移/快速"选项卡如图 5-50 所示，可以设置区域之间、区域内、初始的和最终的等不同工作状态下的进退刀方法。

区域距离指定划分区域内或者区域之间的两个刀位点之间的距离值，大于区域距离的两个刀位点将采用区域之间的转移方法，而小于区域距离的将采用区域内的转移方法。

公共安全设置选项用于设置通用的安全设置，如安全平面，可以采用继承的方法继承坐标系中设定的安全设置。

区域之间与区域内都可以定义 3 个运动设置，即"逼近""离开"和"移刀"。"初始的和最终"选项组可以定义逼近和离开运动。

1）"逼近"可指定从快速运动到进刀点之间的运动，可以设置为"无""安全距离""沿刀轴"以及"沿矢量"等选项。

2）"离开"可指定退出切削后的运动方法，离开方法与逼近方法选项相同。

3）"移刀"可指定一个路径完成后进入下一切削路径时的运动方法，有"安全距离""Z 向最低安全距离""直接"和"光顺"4 个选项。

如果采用的移刀类型在移动路径上与部件发生干涉，则会自动抬高到最小安全距离的高度进行移刀。

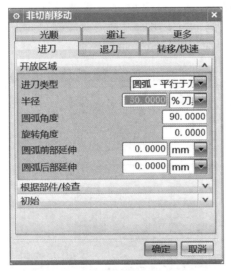

图 5-49 "进刀"选项卡

图 5-50 "转移/快速"选项卡

5.3.4 驱动方法

驱动方法定义了创建驱动点的方法。所选择的驱动方法决定能选择的驱动几何体类型以及可以设置的驱动方法设置参数。如果不指定部件几何体，刀位轨迹将直接由驱动点生成，图 5-51 所示为驱动方法列表，包括"曲线/点""螺旋""边界""区域铣削""曲面区域""流线""刀轨""径向切削""清根"和"文本"等。每一个驱动方法都包含其对应的"驱动方法"对话框，选择了驱动方法后，打开对应驱动方法设置的对话框，可进行驱动几何体的指定和驱动设置。

改变驱动方法时会弹出驱动方法重置的弹窗，如图 5-52 所示。勾选"不要再显示此消息"，则在后续改变驱动方法时将直接改变而不再提示。更改驱动方法后，原驱动方法中的驱动几何体和驱动设置参数将不再保留。

【任务实施】

创建水平面精加工固定轮廓铣工序的步骤如下。

◆ 步骤 1　创建工序

图 5-51 驱动方法

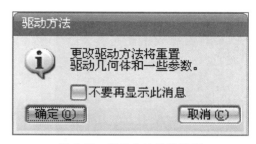

图 5-52 驱动方法重置弹窗

单击"创建工序"按钮 ，打开"创建工序"对话框，如图 5-53 所示。选择工序子类型为"固定轮廓铣" ，几何体为"MILL_GEOM"，刀具为"T2-D32R6"，方法为"MILL_FINISH"，单击"确定"按钮，打开"固定轮廓铣"工序对话框。

◆ 步骤 2　选择驱动方法

在"固定轮廓铣"对话框的"驱动方法"选项组中设置驱动方法为"区域铣削"，如图 5-54 所示。系统将出现驱动方法重置的提示信息，单击"确定"按钮，进行驱动方法的设置。

图 5-53　"创建工序"对话框

图 5-54　指定驱动方法

◆ 步骤 3　驱动方法设置

系统弹出"区域铣削驱动方法"对话框，如图 5-55 所示。进行参数设置，完成后单击

"确定"按钮，返回"固定轮廓铣"工序对话框。

◆ 步骤4 指定切削区域

在"固定轮廓铣"工序对话框中单击"指定切削区域"按钮 ，拾取水平面，如图 5-56 所示。单击鼠标中键确定，返回工序对话框。

图 5-55 "区域铣削驱动方法"对话框

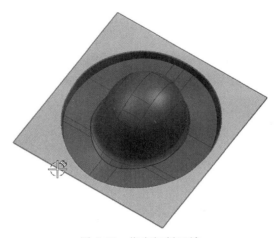

图 5-56 指定切削区域

◆ 步骤5 设置切削参数

单击"切削参数"按钮，进入"切削参数"对话框，在"策略"选项卡中设置切削角与 XC 的夹角为"0"，勾选"在边上延伸"选项，设置距离为"10% 刀具直径"，如图 5-57 所示。

在"拐角"选项卡中设置拐角处的刀轨形状，设置光顺为"所有刀路"，半径为"15mm"，如图 5-58 所示。单击"确定"按钮，返回"固定轮廓铣"工序对话框。

图 5-57 "策略"选项卡

图 5-58 "拐角"选项卡

◆ 步骤 6　设置非切削移动

单击"非切削移动"按钮 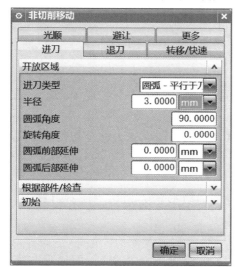，弹出"非切削移动"对话框，显示"进刀"选项卡，设置进刀类型为"圆弧-平行于刀轴"，半径为"3mm"，如图 5-59 所示。

打开"转移/快速"选项卡，设置区域之间的移刀类型为"Z 向最低安全距离"，距离"3mm"，如图 5-60 所示。单击"确定"按钮，返回"固定轮廓铣"工序对话框。

图 5-59　"进刀"选项卡

图 5-60　"转移/快速"选项卡

◆ 步骤 7　设置进给率和速度

在"固定轮廓铣"工序对话框中单击"进给率和速度"按钮，打开"进给率和速度"对话框，设置主轴转速（rpm）为"3000"，切削进给率为"1000mmpm"，单击"计算"按钮，得到表面速度和每齿进给量。单击"确定"按钮，返回"固定轮廓铣"工序对话框。

◆ 步骤 8　生成刀轨

在"固定轮廓铣"工序对话框中单击"生成"按钮，计算生成刀轨，生成的刀轨如图 5-61 所示。

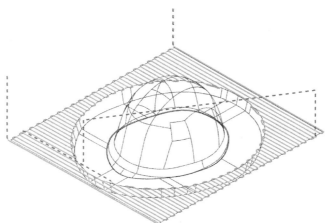

图 5-61　生成刀轨

◆ 步骤 9　确定工序

检视刀轨并确认刀轨后，单击"固定轮廓铣"工序对话框底部的"确定"按钮，接受刀轨并关闭工序对话框。

【精益求精】

本任务采用轮廓铣削驱动的固定轮廓铣工序来精加工平面，在完成本任务过程中，需要注意以下几点：

1）平面通常可以单独进行精加工，因为平面精加工时可以采用圆角刀并以相对较大的步距进行加工。

2）创建固定轮廓铣工序，再选择驱动方法为"区域铣削"的效果与创建区域轮廓铣工序基本一致。

3）本任务的"区域铣削驱动方法"采用了默认值，默认切削模式为往复切削，步距为50%刀具直径。

4）指定切削区域，使其仅加工指定平面。

5）在设置切削参数时，为光顺刀路，设置拐角处的刀轨形状为光顺"所有刀路"，此时需要勾选"在边上延伸"选项，保证拐角部分完整切削。

6）非切削移动的进刀选项设置为"圆弧-平行于刀轴"，半径为"3"。

7）在转移设置中，设置区域之间的移刀类型为"Z向最低安全距离"，而逼近与离开方法均为"无"，以最低安全高度进行连接；区域内的移刀类型为"直接"。

【挑战一下】

本任务采用固定轮廓铣进行水平面的精加工，而实际上，平面精加工通常可以采用型腔铣工序、平面铣工序或底壁铣工序进行，请用不同工序子类型创建平面精加工工序。

任务 5-4　创建成形面精加工的区域轮廓铣工序

【任务目标】

➢ 掌握区域铣削驱动方法的设置。

➢ 掌握非陡峭切削模式的种类及特点。

➢ 了解步距应用在部件上与在平面上的区别。

➢ 能够正确设置驱动参数，创建区域轮廓铣工序。

【任务分析】

零件成形面较为复杂，而且陡峭程度变化较大，要求加工后的零件表面残余量基本一致。对于这种复杂的曲面加工，UG NX 提供了区域轮廓铣工序，沿部件表面进行精加工，并且可以设置为在部件上均匀分布刀轨。

【知识链接：区域铣削驱动方法】

区域铣削驱动的固定轮廓铣是最常用的一种精加工工序，创建的刀轨可靠性好。通过选择不同的非陡峭切削模式与陡峭切削模式，再进行合适的驱动设置，区域轮廓铣可以适应绝大部分的曲面精加工要求。

在创建工序时，选择工序子类型为"区域轮廓铣" 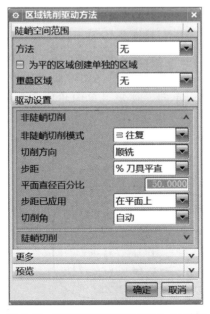 （CONTOUR_AREA），打开"区域轮廓铣"工序对话框。在"区域轮廓铣"的工序对话框中，选择驱动方法为"区域铣削"，将打开"区域铣削驱动方法"对话框。如果已经选择驱动方法为"区域铣削"，单击"编辑"按钮 ，将弹出图 5-62 所示的"区域铣削驱动方法"对话框。

创建区域轮廓铣工序时，可以改变驱动方法，创建其他驱动方法的固定轮廓铣。

当陡峭空间范围的方法选择为"无"时，将应用驱动设置中的"非陡峭切削"选项组的设置。

1. 非陡峭切削模式

非陡峭切削模式限定了走刀路径的图样和切削方向，与平面铣中的切削模式有点类似。与平面铣切削模式不同的是，固定轮廓铣中的所有切削刀轨是投影到曲面上的，而不一定在一个平面上。图 5-63 所示为非陡峭切削模式选项，可以选择的切削模式有 16 种之多，除了在平面铣中介绍过的几种模式以外，还增加了同心与径向的两种模式，每一模式又有单向、往复、往复上升、单向轮廓和单向步进 5 种走刀方向。

（1）跟随周边　创建由切削区域周边偏置的环绕切削的刀轨。需要指定加工方向为向内或者向外，图 5-64 所示为跟随周边的刀轨示例。

（2）轮廓　创建沿着切削区域周边的刀轨。可以通过附加轨迹选项使刀具逐渐逼近切削边界，图 5-65 所示为轮廓刀轨示例。

图 5-62　"区域铣削驱动方法"对话框

图 5-63　非陡峭切削模式

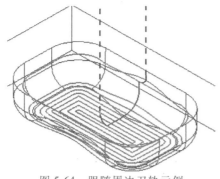

图 5-64　跟随周边刀轨示例

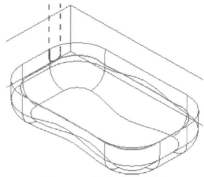

图 5-65　轮廓刀轨示例

（3）单向　创建单向的平行切削刀轨，如图 5-66 所示。此选项能始终维持一致的顺铣或者逆铣切削。

（4）往复　创建往复的平行切削刀轨，如图 5-67 所示。

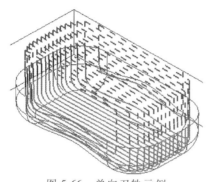

图 5-66　单向刀轨示例

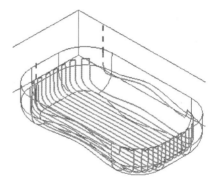

图 5-67　往复刀轨示例

（5）往复上升　与往复类似，但在行间转换时向上提升，以保持连续的进给运动。

（6）单向轮廓　相对于单向切削，进刀及退刀时将沿着轮廓到达前一行的起点或终点。

（7）单向步进　用于创建单向的、在进刀侧沿着轮廓而在退刀侧直接抬刀的刀位轨迹。

（8）同心　同心切削模式下，从用户指定的或系统计算出来的优化中心点生成逐渐增大或逐渐缩小的圆周切削模式。其切削类型也可以分为单向、往复、单向轮廓和单向步进。图 5-68 所示为"同心单向"模式下的刀轨示例。

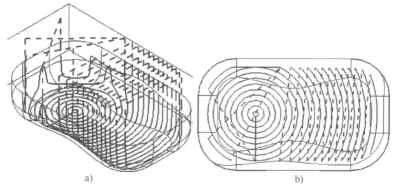

a)　　　　　　　　　　　　　　b)

图 5-68　同心单向刀轨示例

（9）径向　径向切削下，产生放射状刀路轨迹，由用户指定或者系统计算出来的优化中心点向外放射扩展而成；切削类型分为单向、往复、往复上升、单向轮廓、单向步进方式和同心，图 5-69 所示为"径向往复"切削模式下生成的刀轨示例。在径向模式下，步距长度是沿着离中心最远的边界点上的弧长进行测量的。

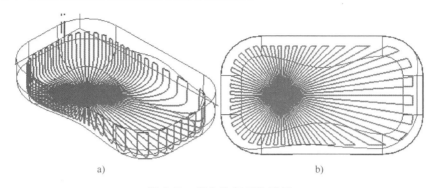

图 5-69　径向往复刀轨示例

2. 刀路中心

刀路中心用于在径向与同心的各切削模式中指定环绕或者放射的中心点。

刀路中心使用"自动"，系统自动确定最有效的位置作为路径中心点。当选择指定时，则可以在图形中选择点，或者使用点构造器指定一点为路径中心点。图 5-70 所示为不同刀路中心选项产生的径向切削刀轨示例。

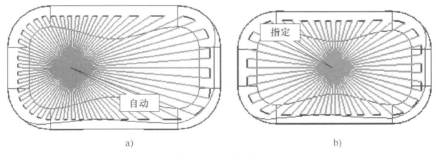

图 5-70　刀路中心
a）自动　b）指定中心点

3. 刀路方向

刀路方向指定由内"向外"或者由外"向内"产生刀路轨迹，只在跟随周边、同心和径向切削模式下才激活该选项。

4. 切削角

切削角用于指定平行线切削路径模式中的角度。切削角包括"自动""最长的边""矢量"和"指定" 4 个选项。当选择"指定"时，可以在下方的角度文本框中输入角度值。

5. 步距

步距用于指定相邻两道刀轨的横向距离。步距设定可以选择"恒定""残余高度""刀具平面直径的百分比""可变""变量平均值"和"角度"等选项，与平面铣中对应的方式相同。

"角度"选项仅用于径向切削模式，通过指定一个角度来定义一个恒定的步进值，如图 5-71 所示。它不考虑在径向线外端的实际距离。

6. 步距已应用

步距已应用可以选择"在平面上"或"在部件上"选项。

（1）在平面上　步进是在垂直于刀具轴的平面上即水平面内测量的 2D 步距，产生的刀轨如图 5-72 所示。"在平面上"适用于坡度改变不大的零件加工。

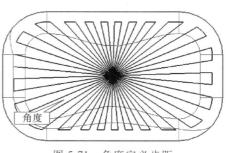

图 5-71　角度定义步距

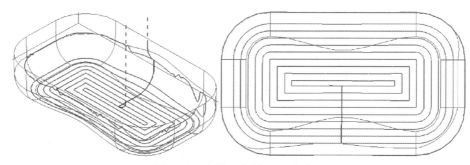

图 5-72　步距已应用：在平面上

（2）在部件上　步进是沿着部件测量的 3D 步距，如图 5-73 所示。可以实现对部件几何体较陡峭的部分维持更紧密的步进，以实现整个切削区域的切削残余量相对均匀。

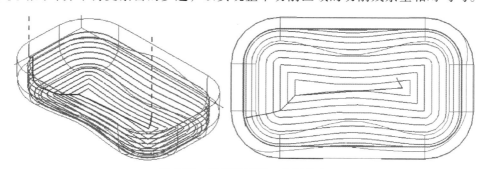

图 5-73　步距已应用：在部件上

切削模式为轮廓、同心圆或者径向时，步距只能应用在平面上。当步距设置采用"可变"方式时，步距也只能应用在平面上。

【任务实施】

创建头盔凸模成形面精加工的区域轮廓铣工序的步骤如下。

◆ 步骤 1　创建工序

5-4

单击"创建工序"按钮，打开"创建工序"对话框，选择类型为"区域轮廓铣"，刀具为"T3-D16R8"，如图 5-74 所示。单击"确定"按钮，打开"区域轮廓铣"工序对话框，如图 5-75 所示。

图 5-74 "创建工序"对话框

图 5-75 "区域轮廓铣"工序对话框

◆ 步骤 2　指定切削区域

在"区域轮廓铣"工序对话框中单击"指定切削区域"按钮，系统打开"切削区域几何体"对话框，在图形区窗选凸模的成形曲面部分，如图 5-76 所示。单击鼠标中键确定，完成切削区域的选择并返回工序对话框。

◆ 步骤 3　区域铣削驱动方法设置

在"区域轮廓铣"工序对话框中，驱动方法已选择为"区域铣削"，单击"编辑参数"按钮，系统弹出"区域铣削驱动方法"对话框，按照图 5-77 所示进行参数设置。设置陡峭空间范围的方法为"无"，选择非陡峭切削模式为"跟随周边"，刀路方向为"向外"，

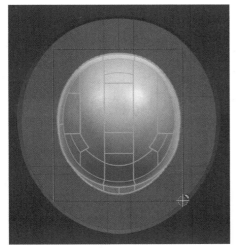

图 5-76　指定切削区域

图 5-77　"区域铣削驱动方法"对话框

设置步距指定方式为"恒定"，最大距离为"0.5mm"，步距已应用为"在部件上"。单击"确定"按钮，完成驱动设置并返回"区域轮廓铣"工序对话框。

◆ 步骤 4　设置进给率和速度

在"区域轮廓铣"工序对话框中单击"进给率和速度"按钮，打开"进给率和速度"对话框，设置主轴转速（rpm）为"3000"，切削进给率为"1000mmpm"，单击"计算"按钮，得到表面速度和每齿进给量。单击"确定"按钮，返回"区域轮廓铣"工序对话框。

◆ 步骤 5　生成刀轨

在"区域轮廓铣"工序对话框中单击"生成"按钮，计算生成刀轨，生成的刀轨如图 5-78 所示。

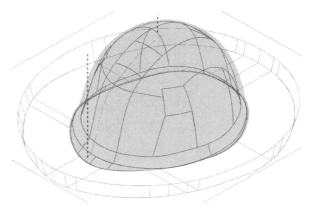

图 5-78　生成刀轨

◆ 步骤 6　确定工序

检视并确认刀轨后，单击"固定轮廓铣"工序对话框底部的"确定"按钮，接受刀轨并关闭工序对话框。

【精益求精】

本任务采用区域轮廓铣工序来精加工成形面，这也是复杂曲面零件最为常用的一种精加工方法，在完成本任务过程中，需要注意以下几点：

1）创建区域轮廓铣工序也可以选择其他驱动方法，与固定轮廓铣工序基本一致。

2）指定切削区域时切换成俯视图再进行框选，既快速又能保证不漏选。

3）设置陡峭空间范围的方法为"无"，对整个切削区域进行整体加工。

4）非陡峭切削模式选择为"跟随周边"，步距已应用指定为"在部件上"，在零件表面生成 3D 等步距的刀轨，能在不同陡峭程度的工件表面取得良好的加工质量。

【挑战一下】

本任务采用区域轮廓铣，选择切削模式为"跟随周边"，步距已应用为"在部件上"，请尝试用不同的切削模式来创建区域铣工序，完成成形面精加工。

任务 5-5　创建分型面精加工的区域轮廓铣工序

【任务目标】

➢ 掌握陡峭空间范围的设置方法。

➢ 掌握陡峭区域切削模式的设置方法。

➢ 能够合理选择切削模式，创建区域轮廓铣加工工序。

➢ 能够正确设置驱动方法参数，创建区域轮廓铣工序。

【任务分析】

头盔凸模零件的内分型面较为复杂，是一个环状的区域，并且底面有波动，但波动较平缓，而其外侧则是陡峭的侧壁。应用区域轮廓铣工序的陡峭空间范围方法可以在陡峭壁面生成深度加工刀轨，而在非陡峭区域生成环绕或径向的刀轨。

【知识链接：陡峭空间范围】

1. 陡峭空间范围

陡峭空间范围按指定的陡峭壁角度将切削区域分隔为陡峭区域和非陡峭区域，并且还有"为平的区域创建单独的区域"选项，而加工时可以只对其中部分区域进行加工。

在陡峭空间范围中共有 4 个方法，分别是"无""非陡峭""定向陡峭""陡峭和非陡峭"。

1）无：切削整个区域，不使用陡峭约束，加工整个工件表面，如图 5-79 所示。

2）非陡峭：切削小于指定陡峭壁角度的区域，也就是平缓的区域，而不切削陡峭区域，如图 5-80 所示，通常可作为深度轮廓铣的补充。

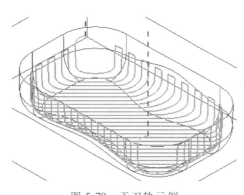

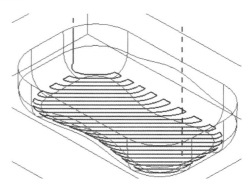

图 5-79　无刀轨示例　　　　　　图 5-80　非陡峭刀轨示例

3）定向陡峭：切削大于指定陡峭壁角度的区域。定向切削陡峭区域与切削角有关，切削方向由路径模式方向绕 ZC 轴旋转 90° 确定。定向陡峭区域陡峭边的切削区域是与走刀方向有关的，当使用平行切削时，切削角度方向与侧壁平行时就不作为陡壁处理，图 5-81 所示为切削角指定为"90"的定向陡峭切削刀轨。

4）陡峭和非陡峭：将陡峭区域与非陡峭区域按下方驱动设置中的切削模式分别进行加工，图 5-82 所示为非陡峭切削模式为"径向往复"，而陡峭切削模式为"深度加工往复"的刀轨示例。

"陡峭空间范围方法"选项设为"陡峭和非陡峭"时，可以编辑切削区域顺序。区域排序有如下 3 个选项：

1）先陡：首先切削符合陡峭准则的区域，再切削非陡峭区域。

2）自上而下层优先：首先切削各组面中的最高区域，然后逐层递进，直至切削到最低层。

3）自上而下深度优先：首先在一组面中从最高区域切削至最低区域，然后移至下一组面。

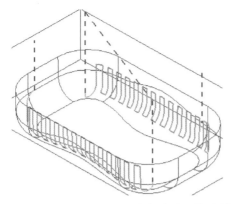

图 5-81　切削角为 90°的定向陡峭刀轨示例

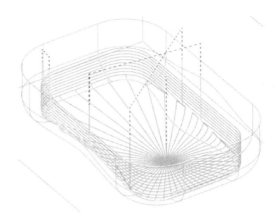

图 5-82　"陡峭和非陡峭"的刀轨示例

2. 陡峭切削

陡峭空间范围中定义方法为"陡峭和非陡峭"时，对于陡峭区域的切削将由"陡峭切削"选项组中的设置进行定义。陡峭切削的设置选项如图 5-83所示，有陡峭切削模式、深度切削层、切削方向、深度加工每刀切削深度、合并距离以及最小切削长度选项，除陡峭切削模式外，其余参数的设置与深度轮廓铣工序中对应的参数相同。

陡峭切削模式包括以下 3 种：

1）单向深度加工：创建单向的等高层切的刀轨，如图 5-84 所示。单向深度加工切削模式需要设置切削方向为顺铣或逆铣。

2）往复深度加工：创建双向的往复加工的等高层切的刀轨，在一层的终点直接转入下一层的切削。

3）往复上升深度加工：与往复深度加工相比，在每一层的末端要先做一个退刀动作，再进刀进入下一层的切削，如图 5-85 所示。

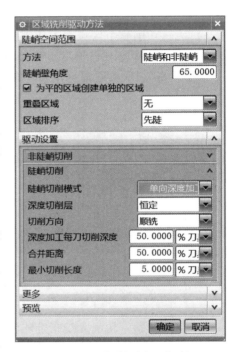

图 5-83　"陡峭切削"选项组

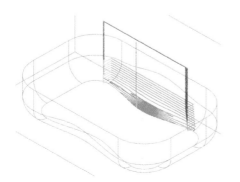

图 5-84　单向深度加工刀轨示例

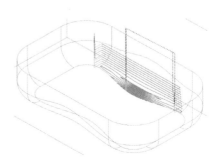

图 5-85　往复上升深度加工刀轨示例

在区域铣削中针对陡峭区域进行深度加工是 NX10 的新增功能，可以实现在一个工序内同时对陡峭区域与非陡峭区域进行精加工。

对于封闭的陡壁轮廓加工，应该优先考虑使用深度轮廓铣工序。

3. 深度切削层

深度切削层的选项有 2 个，图 5-86 所示为不同深度切削层的刀轨示例。

1）恒定：指定所有切削层的切削深度是一致的，按照"深度加工每刀切削深度"所指定的值，不考虑陡峭程度。

2）最优化：根据陡峭程度自动调整切削深度，使不同陡峭程序的切削区域在加工后的残余量基本一致。

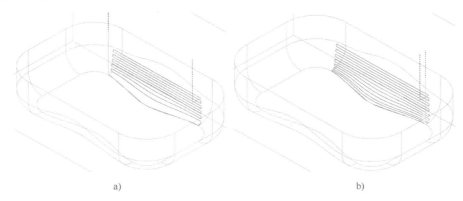

a)   b)

图 5-86   深度切削层的刀轨示例
a）恒定   b）最优化

【任务实施】

创建头盔凸模分型面精加工的区域轮廓铣工序的步骤如下。

◆ 步骤 1   创建工序

5-5

单击"创建工序"按钮，选择工序子类型为"区域轮廓铣" ，确认刀具、几何体和方法位置选项，如图 5-87 所示，单击"确定"按钮，打开"区域轮廓铣"工序对话框。

◆ 步骤 2   指定切削区域

在"区域轮廓铣"工序对话框中单击"指定切削区域"按钮 ，系统打开"切削区域几何体"对话框，在图形区拾取凸模所有曲面，再按住键盘上的 <Shift> 键，反选水平面与成形曲面部分，如图 5-88 所示。单击鼠标中键确定，完成切削区域的选择并返回工序对话框。

◆ 步骤 3   区域铣削驱动方法设置

在"区域轮廓铣"工序对话框中，驱动方法已选择为"区域铣削"，单击"编辑参数"按钮 ，系统弹出"区域铣削驱动方法"对话框，按图 5-89 所示进行参数设置。

设置陡峭空间范围的方法为"陡峭和非陡峭"，陡峭壁角度为"65"，区域排序为"自上而下深度优先"。

选择非陡峭切削模式为"径向往复"，设置步距指定方式为"% 刀具平直"，平面直径百分比为"5"。

图 5-87 "创建工序"对话框

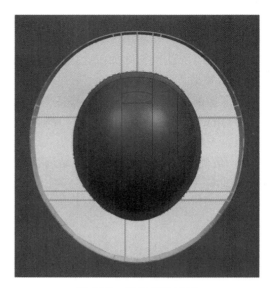

图 5-88 指定切削区域

选择陡峭切削模式为"单向深度加工"，深度加工每刀切削深度指定为"5%刀具平直"，切削方向为"顺铣"。

◆ 步骤 4 指定刀路中心

将刀路中心的选项改为"指定"，单击"指定点"按钮，在图形上选择 MCS 坐标系的原点，如图 5-90 所示。

◆ 步骤 5 预览驱动路径

在"区域铣削驱动方法"对话框的预览选项组中单击"显示"按钮，在图形上显示驱动路径，如图 5-91 所示。

单击"确定"按钮，完成驱动设置，返回"区域轮廓铣"工序对话框。

◆ 步骤 6 设置非切削移动

在"区域轮廓铣"工序对话框中单击"非切削移动"按钮，弹出"非切削移动"对话框，将开放区域进刀设置为"无"，如图 5-92 所示。

打开"转移/快速"选项卡，设置区域之间的移刀类型为"Z 向最低安全距离"，如图 5-93 所示。

单击"确定"按钮，返回"区域轮廓铣"工序对话框。

◆ 步骤 7 设置进给率和速度

在"区域轮廓铣"工序对话框中单击"进给率和速度"按钮，打开"进给率和速度"对话框，设置

图 5-89 "区域铣削驱动方法"对话框

主轴转速（rpm）为"3000"，切削进给率为"1000mmpm"，单击"计算"按钮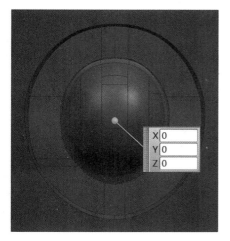，得到表面速度与每齿进给量。单击"确定"按钮，返回"区域轮廓铣"工序对话框。

图 5-90　指定刀路中心

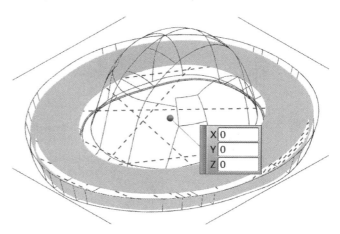

图 5-91　预览驱动路径

图 5-92　"进刀"选项卡

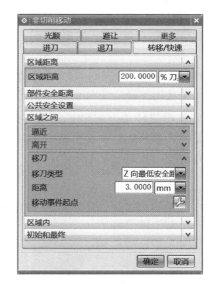

图 5-93　"转移/快速"选项卡

◆ 步骤 8　生成刀轨

在"区域轮廓铣"工序对话框中单击"生成"按钮，计算生成刀轨，生成的刀轨如图 5-94 所示。

◆ 步骤 9　确定工序

检视并确认刀轨后，单击"区域轮廓铣"工序对话框底部的"确定"按钮，接受刀轨并关闭工序对话框。

【精益求精】

本任务采用区域轮廓铣工序来精加工分型面，在完成本任务过程中，需要注意以下几点：

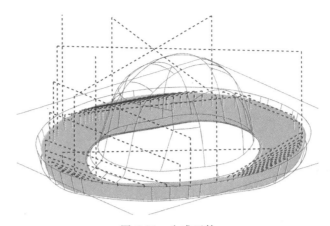

图 5-94　生成刀轨

1）本任务需要指定切削区域，只在分型面部分区域生成刀轨。

2）指定切削区域时将零件放平后再窗选所有曲面，然后反选不需要的曲面，既快速又能保证不漏选。

3）设置陡峭空间范围的方法为"陡峭和非陡峭"，在非陡峭区域的环形区域，采用径向的切削模式进行加工更加有效率；在封闭的陡峭壁面，采用单向深度加工具有更高的效率。

4）选择径向或者同心切削模式的区域铣削驱动，通常需要通过预览驱动路径来确定刀路中心位置是否正确。

5）"非切削移动"对话框的进刀类型设置为"无"，可以在单向深度加工中直接沿部件进刀。在"转移/快速"选项卡中将区域之间移刀类型设置为"Z 向最低安全距离"，可以降低抬刀高度，缩短空行程。

【挑战一下】

本任务采用区域轮廓铣对陡峭区域和非陡峭区域在一个工序内进行加工，请尝试将其分开，单独加工非陡峭区域，再创建一个深度轮廓铣工序来加工陡峭区域。

任务 5-6　创建角落清根加工的清根参考刀具工序

【任务目标】

➢ 了解单刀路、多刀路和参考刀具清根的特点。
➢ 掌握清根驱动方法设置。
➢ 能够创建角落清根加工的清根参考刀具工序。

【任务分析】

头盔凸模零件分型面的陡峭区域面和非陡峭区域面的连接部分在模型上显示为尖角，实际在模具上由于需要配对，在凹模上该部位会进行倒角处理，因而尖角部位允许有圆角存在，但不能太大，以免产生干涉，为减少这一部位的残余量，需要进行清根加工。

【知识链接：清根驱动方法】

清根切削沿着零件面的凹角和凹谷生成驱动路径。清根加工常用于前面加工中使用了较大直径的刀具、而在凹角处留下较多残料的清角加工，另外清根切削也常用于半精加工，以减缓精加工时转角部位余量偏大带来的不利影响。

在"固定轮廓铣"工序对话框中选择驱动方法为"清根"，打开"清根驱动方法"对话框，如图 5-95 所示，设置驱动方法对话框中的各个选项后返回"固定轮廓铣"工序对话框，进行其余参数设置并生成刀轨。清根驱动方法中，要将加工区域按陡峭程度进行划分，并可以分别设置非陡峭切削和陡峭切削的切削模式等选项。

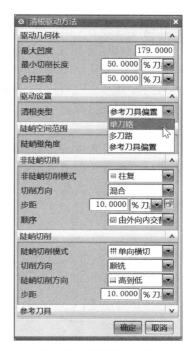

图 5-95　清根驱动方法

在"清根驱动方法"对话框的驱动设置中，清根类型可以选择以下 3 种方式：

1）单刀路：沿着凹角与沟槽产生单一刀路，如图 5-96所示。

2）多刀路：通过指定每侧步距数与步距，在清根中心的两侧产生多道切削路径，如图 5-97 所示，需要设置步距、每侧步距数和顺序。

3）参考刀具偏置：参考刀具驱动方法通过指定一个参考刀具来定义加工区域的总宽度，在以凹槽为中心的两侧产生多条刀轨，如图 5-98 所示。

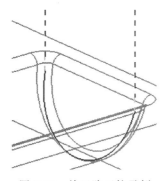

图 5-96　单刀路刀轨示例

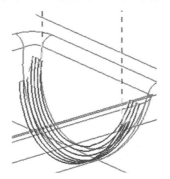

图 5-97　多刀路刀轨示例

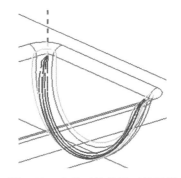

图 5-98　参考刀具偏置刀轨示例

在创建工序时，可以在工序子类型中选择单刀路清根 、多刀路清根 、清根参考刀具 来创建单刀路、多刀路、参考刀具偏置的清根加工工序。

清根铣削中，一般使用球头刀，而不用平底刀、牛鼻刀，使用平底刀或者牛鼻刀很难获得理想的刀轨。

在清根驱动方法中，需要设置的驱动参数包括以下几项。

1. 驱动几何体

驱动几何体通过参数设置的方法来限定切削范围。"驱动几何体"选项组中有以下 3 个选项设置：

1）最大凹度：决定清根切削刀轨生成所基于的凹角。刀轨只有在那些等于或者小于最大凹度的区域生成。当刀具遇到那些在零件面上超过了指定最大值的区域，刀具将回退或转移到其他区域。

2）最小切削长度：当切削区域小于所设置的最小切削长度时，将忽略该区域，不生成刀轨。这个选项在排除圆角的交线处产生的非常短的切削移动是非常有效的。

3）合并距离：将小于合并距离的、断开的两个轨迹进行连接，两个端点的连接是通过线性扩展两条轨迹得到的。

2. 陡峭空间范围

指定陡峭壁角度来区分陡峭区域和非陡峭区域，加工区域将根据其倾斜的角度来确定采用非陡峭切削方法还是采用陡峭切削方法。

指定角度后，再按下方指定的切削模式来确定是否生成刀路。图 5-99 所示为指定陡峭壁角度为"45"时生成的刀轨示例。

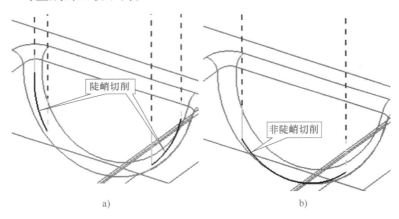

图 5-99　陡峭空间范围

3. 非陡峭切削

选择多刀路或者参考刀具偏置时，将需要设置驱动参数，包括切削模式、步距和顺序。

1）非陡峭切削模式：可以选择"无"，不加工非陡峭区域。清根类型为"单刀路"时，只能选择"单向"；清根类型为"多刀路"时，可以选择"单向""往复"或"往复上升"；清根类型为"参考刀具偏置"时，除了可以选择"单向""往复"或"往复上升"，还可以选择"单向横向切削""往复横向切削"或"往复上升横向切削"。

2）切削方向：可以选择"混合"，进行双向的加工，也可以指定为"顺铣"或"逆铣"。

3）步距与每侧步距数：步距指定相邻的轨迹之间的距离，可以直接指定距离，也可以使用刀具直径的百分比来指定。每侧步距数在清根类型为"多刀路"时设定偏置的数目。

4）顺序：决定切削轨迹被执行的次序。顺序有以下 6 个选项，不同顺序选项生成的刀轨如图 5-100 所示。

① 由内向外：刀具由清根刀轨的中心开始，沿凹槽切第一刀，步距向外侧移动，然后刀具在两侧间交替向外切削。

② ▤ 由外向内：刀具由清根切削刀轨的侧边缘开始切削，步距向中心移动，然后刀具在两侧间交替向内切削。

③ ▤ 后陡：是一种单向切削，刀具由清根切削刀轨的非陡壁一侧移向陡壁一侧，刀具穿过中心。

④ ▤ 先陡：是一种单向切削，刀具由清根切削刀轨的陡壁一侧移向非陡壁一侧处。

⑤ ▤ 由内向外交替：刀具由清根切削刀轨的中心开始，沿凹槽切第一刀，再向两边切削，并交叉选择陡峭方向和非陡峭方向。

⑥ ▤ 由外向内交替：刀具由清根切削刀轨的一侧边缘开始切削，再切削另一侧，类似于以环绕切削的方式切向中心。

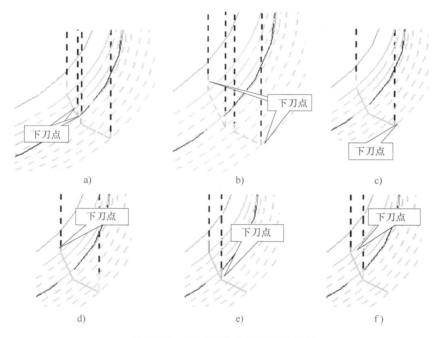

图 5-100 不同顺序选项的刀轨示例

a）由内向外 b）由外向内 c）后陡 d）先陡 e）由内向外交替 f）由外向内交替

4. 陡峭切削

指定陡峭区域的切削模式及相关选项，它与非陡峭切削的选项基本相似。在陡峭切削模式设置中可以选择"无"，不加工陡峭区域；选择"同非陡峭"，采用与非陡峭区域相同的切削模式，或者指定单独的切削模式。

陡峭切削方向可以选择"混合"、"高到低"（只向下）或"低到高"（只向上）。图 5-101 所示为陡峭切削方向设置为"高到低"的刀轨示例。

5. 参考刀具

指定参考刀具的大小，并且可以指定一个重叠距离。

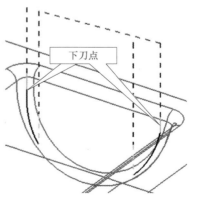

图 5-101 陡峭切削方向：高到低

通过指定参考刀具，以刀具和零件产生的双切点形成的接触线来定义加工区域。

参考刀具直径必须大于当前使用的刀具。

【任务实施】

创建角落清根加工的清根参考刀具工序的步骤如下。

◆ 步骤 1　创建工序

单击"创建工序"按钮，选择工序子类型为"清根参考刀具"，指定刀具为"T4-D8R4"，如图 5-102 所示，单击"确定"按钮，打开"清根参考刀具"工序对话框。

◆ 步骤 2　清根驱动方法设置

在"清根参考刀具"工序对话框中，驱动方法已选择为"清根"，单击"编辑参数"按钮，系统弹出"清根驱动方法"对话框，如图 5-103 所示。设置清根类型为"参考刀具偏置"，陡峭空间范围的陡峭壁角度为"65"，非陡峭切削模式为"往复"，切削方向为"混合"，步距为"0.3mm"，顺序为"由外向内交替"，陡峭切削模式为"同非陡峭"，参考刀具为"T3-D16R8"，重叠距离为"0.2"。单击"确定"按钮，返回"清根参考刀具"工序对话框。

图 5-102　"创建工序"对话框

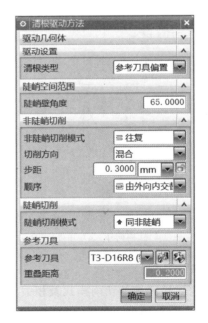

图 5-103　"清根驱动方法"工序对话框

◆ 步骤 3　指定检查几何体

在"清根参考刀具"工序对话框中单击"指定检查"按钮，系统打开"检查几何体"对话框，在选择工具条中将选择过滤方式设置为"面"，在图形区拾取成形曲面，如图 5-104 所示。

单击鼠标中键，确定完成检查几何体指定并返回"清根参考刀具"工序对话框。

◆ 步骤 4　设置非切削移动参数

单击"非切削移动"按钮，弹出"非切削移动"对话框。设置进刀类型为"圆弧-垂直于部件"，半径为"2mm"，如图 5-105 所示。单击"确定"按钮，完成非切削移动参数的设置，返回"清根参考刀具"工序对话框。

图 5-104　指定检查几何体

图 5-105　"进刀"选项卡

◆ 步骤 5　设置进给率和速度

单击"进给率和速度"按钮，弹出"进给率和速度"对话框，设置主轴转速（rpm）为"4000"，切削进给率为"800mmpm"。单击"计算"按钮，得到表面速度与每齿进给量。单击鼠标中键，返回工序对话框。

◆ 步骤 6　生成刀轨

在"清根参考刀具"工序对话框中单击"生成"按钮，计算生成刀轨。生成的刀轨如图 5-106 所示。

◆ 步骤 7　确定工序

确认刀轨后单击工序对话框底部的"确定"按钮，接受刀轨并关闭工序对话框。

◆ 步骤 8　视化检视

显示工序导航器，选择所有工序再进行确认，对刀轨进行可视化检验。图 5-107 所示为 2D 动态检验结果。

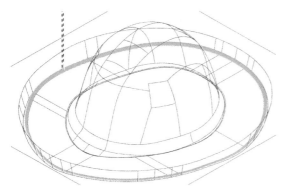

图 5-106　生成刀轨

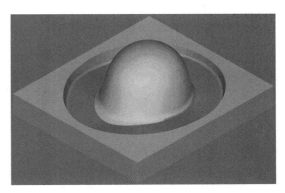

图 5-107　2D 动态检验结果

◆ 步骤9　保存文件

单击工具栏上的"保存"按钮，保存文件。

【精益求精】

本任务采用清根参考刀具工序来进行清角加工，在完成任务过程中，需要注意以下几点：

1）本任务以直径为 8mm 的球刀进行清根加工，但在角落还会有残余，这部分残余并不影响模具的装配。

2）由于零件建模存在误差，可能会在成形面上生成不必要的刀轨，所以要将成形面指定为检查几何体。

3）清根驱动方法设置中，将陡峭切削模式设置为"同非陡峭"，使用同一个切削模式由外向内进行切削。

4）切削顺序选择"由外向内交替"，切削量由小到大，角落部位最后加工。

5）参考刀具要选择前面使用的精加工刀具，并且设置重叠距离，保证刀轨有效连接。

6）本项目的零件为逆向建模的曲面造型零件，曲面数量较多，而且变化复杂，因而在创建工序过程中，可以先设置较大的公差和步距进行计算，以缩短刀轨生成的时间，在确认切削区域和切削方式合理后，再调整步距和公差进行正式工序的生成。

【挑战一下】

本任务采用清根参考刀具工序进行清角加工，也可以使用多刀路或者单刀路的方法进行清根加工。对于一个角落，可以采用从大到小的刀具进行多次的单刀路清根加工，也可以通过单个刀具进行多刀路的清根。

拓展知识：切削区域

在区域轮廓铣的几何体组中，有"切削区域"这个选项，其与指定切削区域的功能有所不同，切削区域是将已指定的切削区域按陡峭空间范围设定进行划分并列表显示。复杂的曲面需要进行多区域加工，当单纯按陡峭空间范围并不能完全满足需求时，在"切削区域"中可以进行区域的分割、合并和删除等操作。具体应用请扫描二维码查看。

5-7

练习与评价

【回顾总结】

本项目完成了一个头盔凸模的数控加工程序编制，通过 6 个任务介绍了 UG NX 软件中应用于曲面精加工区域轮廓铣工序的相关知识与技能。图 5-108 所示为本项目的思维导图。

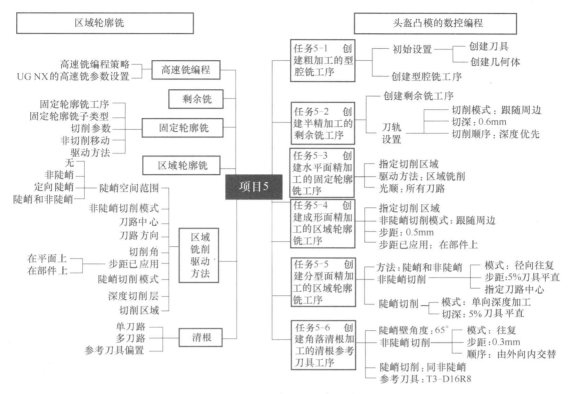

图 5-108　项目 5 思维导图

【自测项目】

完成图 5-109 所示工件（E5. prt）的数控编程。

具体工作任务如下：

1）创建几何体与刀具。

2）创建粗加工工序。

3）创建半精加工工序

4）创建陡峭面精加工工序。

5）创建浅面精加工工序。

6）创建 U 形槽加工工序。

7）创建清根加工工序。

8）后处理生成 NC 程序文件。

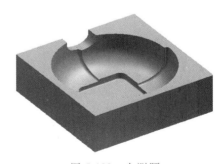

图 5-109　自测题

【思考练习】

1. 区域轮廓铣工序有何特点，如何应用？

2. 固定轮廓铣的驱动方法有哪几个？

3. 固定轮廓铣工序中如何中设置多刀路？

4. 区域轮廓铣的非陡峭切削模式有哪几种？

5. 步距已应用在平面上与步距已应用在部件上有何差别？

6. 陡峭空间范围如何定义？

7. 区域铣削驱动的陡峭切削模式有哪几种？

8. 清根驱动方法有几种类型？

【学习评价】

序号	评价内容	达成情况		
		优秀	合格	不合格
1	扫描二维码完成基础知识测验题,测验成绩			
2	能正确设置固定轮廓铣的切削参数和非切削移动			
3	能正确设置区域铣削驱动方法			
4	能正确设置陡峭空间范围选项			
5	能正确指定区域轮廓铣的切削区域			
6	能设置合理参数,完成粗加工的型腔铣工序创建			
7	能设置合理参数,完成半精加工的剩余铣工序创建			
8	能设置合理参数,完成复杂曲面精加工的区域轮廓铣工序创建			
9	能设置合理参数,完成清角加工的清根工序创建			
10	能完成各任务的"挑战一下"			
	综合评价			

存在的主要问题：_____

_____

_____

项目 6

卡通脸谱铣雕加工的数控编程

【项目概述】

本项目要求完成一个卡通脸谱（图 6-1）铣雕加工的数控程序编制，零件材料为黄铜，毛坯为浇铸件，零件文件为"T6. prt"。

该零件上的图案在模型设计时并不需要进行完全正确的造型，在实际编程过程中，创建固定轮廓铣并选择不同的驱动方法，指定驱动方法后，选择对应的图案部分作为驱动几何体，投影到曲面生成刀轨，通过设置负余量即可完成图案的加工。

通过本项目的学习，学生应掌握 UG NX 编程中固定轮廓铣的不同驱动方法下的驱动几何体指定和驱动方法设置。

图 6-1　卡通脸谱

【项目目标】

➤ 了解固定轮廓铣的驱动方法。
➤ 能够正确设置不同驱动方法的驱动设置。
➤ 能够正确设置驱动方法中所需的驱动几何体。
➤ 能够合理选择驱动方法，创建固定轮廓铣工序。

任务 6-1　创建顶部曲面加工的螺旋驱动固定轮廓铣工序

【任务目标】

➤ 了解螺旋式驱动的特点与应用。
➤ 掌握螺旋式驱动方法的驱动设置。
➤ 能够正确设置选项，创建螺旋式驱动的固定轮廓铣工序。

【任务分析】

本任务要完成曲面的数控加工工序的创建，该曲面为球面的一部分。这种曲面可以采用的驱动方法和切削模式有很多，本任务选择螺旋驱动的固定轮廓铣工序进行加工。

【知识链接：螺旋驱动】

螺旋驱动是一个由指定的中心点向外做螺旋线而生成驱动点的驱动方法。螺旋驱动方法没有行间的转换，它的步距移动是光滑的，保持恒量向外过渡。

螺旋驱动方法一般只用于圆形零件。

在"固定轮廓铣"工序对话框的驱动方法选项中选择"螺旋"，将弹出图 6-2 所示的"螺旋驱动方法"对话框，完成驱动设置后单击"确定"按钮，返回工序对话框进行工序参数设置，再生成刀轨。

1. 指定点

指定点用于定义螺旋的中心位置，也定义了刀具的开始切削点。可以应用各种点的选择方法来指定点，指定的点将作为螺旋驱动的中心点。图 6-3 所示为指定不同螺旋中心点生成的刀轨示例。

图 6-2　螺旋驱动方法

如果没有指定螺旋中心点，系统就用绝对坐标原点作为螺旋中心点。在一个工序中，只能有一个螺旋中心点，后指定的点将替代前面指定的点。

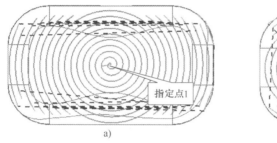
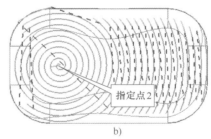

a)　　　　　　　　　　　　　　　　b)

图 6-3　不同螺旋中心点生成的刀轨示例

2. 最大螺旋半径

最大螺旋半径用于限制加工区域的范围，螺旋半径在垂直于投影矢量的平面内进行测量。设置最大螺旋半径后只在该范围内生成刀轨，如图 6-4 所示。

如果设置的最大螺旋半径超出了切削区域，则只在切削区域范围内生成刀轨，如图 6-5 所示。螺旋式的刀轨超出切削区域且不连续时，不能设置转向，只能抬刀并转换到与零件表面接触的位置，再进刀切削。

3. 步距

步距的设定有两种方式，可以直接指定一个"恒定"值或"% 刀具平直"方式，再输入距离或者百分比。

4. 切削方向

切削方向与主轴旋转方向共同定义驱动螺旋的方向为顺时针还是逆时针方向。它包含"顺铣"与"逆铣"两个选项。

顺铣与逆铣不仅切削方向不同，最后切削的区域范围也有所不同。

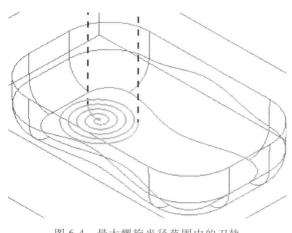

图 6-4 最大螺旋半径范围内的刀轨

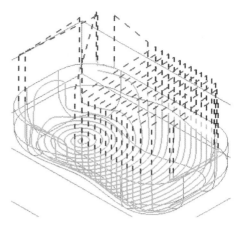

图 6-5 超大螺旋半径

【任务实施】

创建顶部曲面精加工的螺旋驱动固定轮廓铣工序的步骤如下。

◆ 步骤 1 打开模型文件

6-1

启动 UG NX 软件，并打开模型文件 "T6. prt"，显示的卡通脸谱模型如图 6-6 所示。

◆ 步骤 2 进入加工模块

打开 "应用模块" 选项卡，单击 "加工" 按钮，在 "加工环境" 对话框中选择 "要创建的 CAM 设置" 为 "mill_contour"，单击 "确定" 按钮，进行加工环境的初始化设置。

◆ 步骤 3 创建坐标系几何体

单击 "创建几何体" 按钮，打开 "创建几何体" 对话框，如图 6-7 所示。选择几何体子类型为 "MCS"，单击 "确定" 按钮，进行坐标系几何体的建立。

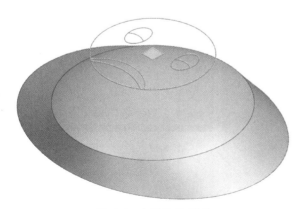

图 6-6 卡通脸谱模型

图 6-7 "创建几何体" 对话框

系统将打开 "MCS" 对话框。在 MCS 对话框的 "安全设置" 选项组组下，指定安全设置选项为 "自动平面"，设置安全距离为 "30"，如图 6-8 所示。单击 "MCS" 对话框中的 "确定" 按钮，完成坐标系几何体 MCS 的创建。

◆ 步骤 4　创建铣削几何体

再次单击"创建几何体"按钮 ，系统打开"创建几何体"对话框，选择几何体子类型为"铣削几何体"，位置几何体为"MCS"，单击"确定"按钮，创建铣削几何体。

◆ 步骤 5　指定部件

系统打开"铣削几何体"对话框，如图 6-9 所示。在对话框中单击"指定部件"按钮，拾取实体为部件几何体，如图 6-10 所示。单击"确认"按钮，完成部件几何体的指定，返回"铣削几何体"对话框。

图 6-8　"MCS"对话框

图 6-9　"铣削几何体"对话框

◆ 步骤 6　指定毛坯

在"铣削几何体"对话框中单击"指定毛坯"按钮，系统弹出"毛坯几何体"对话框，选择毛坯类型为"部件的偏置"，指定偏置值为"0.5"，如图 6-11 所示。单击"确定"按钮，完成毛坯几何体指定并返回铣削几何体对话框。

单击"确定"按钮，完成铣削几何体创建。

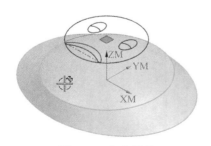

图 6-10　指定部件

图 6-11　指定毛坯

◆ 步骤 7　创建工序

单击"创建工序"按钮 ，打开"创建工序"对话框，如图 6-12 所示。选择工序子类型为"固定轮廓铣" ，选择几何体为"MILL_GEOM"，输入名称为"T61-SPIRAL"，单击"确定"按钮，打开"固定轮廓铣"工序对话框，如图 6-13 所示。

◆ 步骤 8　新建刀具

在"固定轮廓铣"工序对话框中展开"工具"选项组，单击"新建刀具"按钮 ，打开"新建刀具"对话框，指定刀具子类型为"球头铣刀" ，名称为"B10R5"，如图 6-14 所示。单击"确定"按钮，进入"铣刀-球头铣"对话框，设置刀具球直径为"10"，如图 6-15 所示。单击"确定"按钮，返回"固定轮廓铣"对话框。

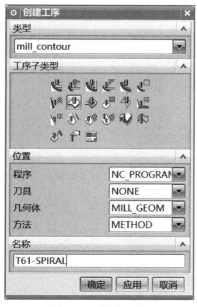

图 6-12　创建工序

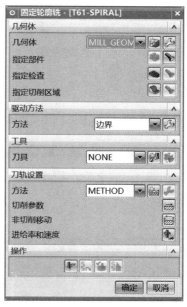

图 6-13　"固定轮廓铣"工序对话框

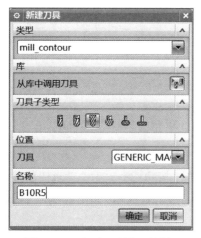

图 6-14　"新建刀具"对话框

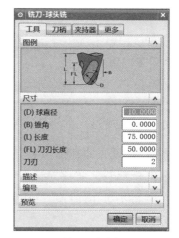

图 6-15　"铣刀-球头铣"对话框

◆　步骤 9　选择驱动方法

在"固定轮廓铣"对话框的"驱动方法"选项组中选择方法为"螺旋"，如图 6-16 所示。系统将出现驱动方法重置的提示信息，如图 6-17 所示。勾选"不要再显示此消息"选项，单击"确定"按钮，进入驱动方法设置。

◆　步骤 10　设置驱动方法

系统弹出"螺旋驱动方法"对话框，设置最大螺旋半径为"44"，步距为"恒定"，最大距离为"0.5mm"，切削方向为"顺铣"，如图 6-18 所示。设置完成后单击"显示"按钮 ，在图形区预览驱动路径，将图形显示方式改为"静态线框"，显示如图 6-19 所示。单击"确定"按钮，返回"固定轮廓铣"工序对话框。

图 6-16　选择驱动方法

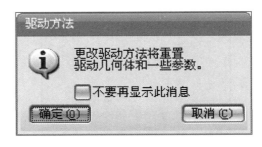

图 6-17　驱动方法重置提示信息

图 6-18　"螺旋驱动方法"对话框

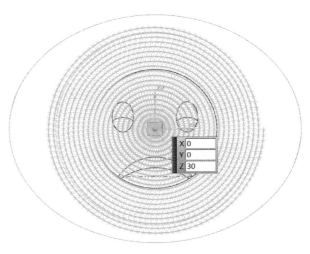

图 6-19　预览驱动路径

◆ 步骤 11　设置非切削参数

在"固定轮廓铣"工序对话框中单击"非切削移动"按钮📼，弹出"非切削移动"对话框，打开"进刀"选项卡，设置进刀类型为"圆弧-平行于刀轴"，半径为"2mm"，如图 6-20 所示。

在"退刀"选项卡中设置退刀参数，如图 6-21 所示。指定退刀类型为"无"，最终退刀类型为"与开放区域退刀相同"，单击"确定"按钮，完成非切削参数的设置并返回"固定轮廓铣"工序对话框。

◆ 步骤 12　设置进给率和速度

在"固定轮廓铣"工序对话框中单击"进给率和速度"按钮🔧，打开"进给率和速度"对话框，设置表面速度（smm）为"150"，每齿进给量为"0.12"，单击"计算"按钮，计算得到主轴速度与切削进给率，如图 6-22 所示。单击鼠标中键返回"固定轮廓铣"工序对话框。

图 6-20 "进刀"选项卡

图 6-21 "退刀"选项卡

◆ 步骤 13　生成刀轨

在"固定轮廓铣"工序对话框中单击"生成"按钮，计算生成刀轨，生成的刀轨如图 6-23 所示。

◆ 步骤 14　确定工序

对刀轨进行检视，确认刀轨后单击工序对话框底部的"确定"按钮，接受刀轨并关闭"固定轮廓铣"工序对话框。

图 6-22 "进给率和速度"对话框

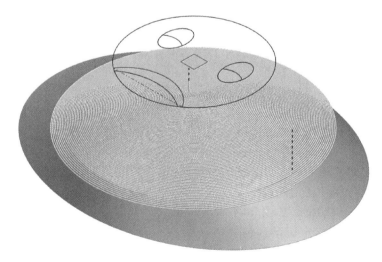

图 6-23 生成刀轨

【精益求精】

本任务创建了螺旋驱动方法的固定轮廓铣工序，在完成本任务时，需要注意以下几点：

1）创建铣削几何体时，必须选择位置几何体为"MCS"，以继承安全设置等参数。

2）应用"部件的偏置"选项来定义铸件毛坯。

3）需要通过显示驱动路径来确认螺旋的中心点是否正确。

4）螺旋最大半径设置值超出顶面边界时，有局部的重叠加工区域。

5）退刀类型选择"无"则直接抬刀。

6）螺旋式驱动的固定轮廓铣在加工时不产生行间的刀路，整个刀路非常平顺，加工表面质量很好。

【挑战一下】

本任务采用了螺旋驱动的固定轮廓铣工序进行球面的加工，球面加工的方法有很多种，请尝试采用区域铣削驱动或者曲面驱动的固定轮廓铣进行加工。

任务 6-2　创建脸部边界加工的径向切削驱动固定轮廓铣工序

【任务目标】

➤ 了解径向切削驱动的特点与应用。

➤ 掌握径向切削驱动方法的驱动设置。

➤ 理解条带的含义。

➤ 能够正确设置选项，创建径向切削驱动的固定轮廓铣工序。

【任务分析】

脸部边界呈环状，中心线为圆，在 UG NX 软件的固定轮廓铣中，可以使用径向切削驱动来创建这一工序。

【知识链接：径向切削驱动】

径向切削驱动的驱动点是一个沿着给定边界并且垂直于该边界向两侧扩展生成的直线上的点，径向切削驱动的固定轮廓铣可以创建沿一个边界向单边或双边放射的刀轨，特别适用于宽度相等的环形区域的清角加工。

在"固定轮廓铣"工序对话框中选择驱动方法为"径向切削"，打开"径向切削驱动方法"对话框，如图 6-24 所示。

1. 指定驱动几何体

单击"指定驱动几何体"按钮，系统弹出图 6-25 所示的"临时边界"对话框。创建临时边界的方法与平面铣中以"曲线/边…"方式创建边界的方法是一致的。

径向切削的驱动几何体是必须选择的，并且可以选择多个边界线作为驱动几何体。临时边界选择的方向将影响其材料侧。

2. 切削类型与切削方向

切削类型可以选择"单向"或"往复"，切削方向可以选择"顺铣"或"逆铣"。

3. 条带

材料侧的条带与另一侧的条带共同定义加工区域的宽度，表示刀具中心最后所到的位置。图 6-26 所示为设置不同的材料侧的条带产生的刀轨。

图 6-24 "径向切削驱动方法"对话框

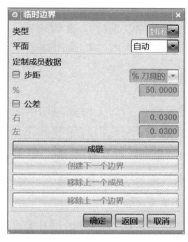

图 6-25 "临时边界"对话框

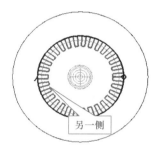

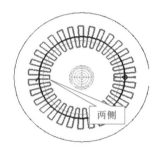

图 6-26 不同材料侧的条带产生的刀轨

4. 步距

径向切削驱动的步距有 4 种设置方法，分别为"恒定""残余高度""%刀具平直"和"最大值"。

设置为"最大值"时可定义水平进给量的最大距离，需要在下方输入最大距离值。这种方式用于向外放射状的加工区域最为合适。图 6-27 所示为使用"恒定"与"最大值"两种方式以同样距离产生的刀轨对比。

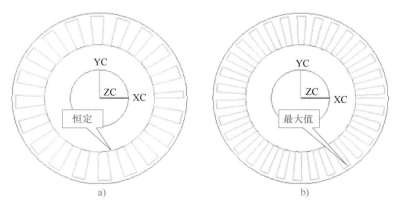

图 6-27 不同步距设置产生的刀轨

a）恒定　b）最大值

5. 刀轨方向

刀轨方向可以选择"跟随边界"，沿边界进行横向进给；选择"边界反向"，则与选择边界指示的相反方向进行横向进给。

【任务实施】

创建脸部边界加工的径向切削驱动的固定轮廓铣工序的步骤如下。

◆ 步骤 1　创建固定轮廓铣工序

6-2

单击"创建工序"按钮 🐾，打开"创建工序"对话框，选择工序子类型为"固定轮廓铣" 🔱，输入名称为"T62-RADIAL"，单击"确定"按钮，打开"固定轮廓铣"工序对话框。

◆ 步骤 2　新建刀具

在"固定轮廓铣"对话框中展开"工具"选项卡，单击"新建刀具"按钮 📛，打开"新建刀具"对话框，指定刀具类型为"球头"，名称为"B2R1"，单击"确定"按钮。进行刀具参数设置，打开"工具"选项卡，设置刀具球直径为"2"，长度和刀刃长度均为"5"，如图 6-28 所示。打开"刀柄"选项卡，勾选"定义刀柄"选项，设置刀柄直径为"6"，锥柄长度为"6"，如图 6-29 所示，在图形区预览刀具，如图 6-30 所示。单击"确定"按钮，完成铣刀"B2R1"的创建并返回"固定轮廓铣"对话框。

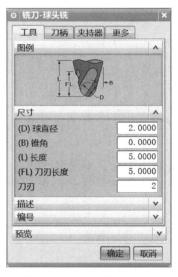

图 6-28　"工具"选项卡

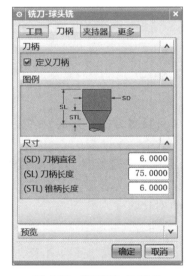

图 6-29　"刀柄"选项卡

图 6-30　预览刀具

◆ 步骤 3　选择驱动方法

在工序对话框的"驱动方法"选项组中选择方法为"径向切削"，系统将打开"径向切削驱动方法"对话框，如图 6-31 所示。

◆ 步骤 4　指定驱动几何体

在"径向切削驱动方法"对话框中单击"指定驱动几何体"按钮 🗔，系统打开"临时边界"对话框，在图形上选取圆，如图 6-32 所示。单击鼠标中键，完成驱动几何体的指定并返回"径向切削驱动方法"对话框。

◆ 步骤 5　设置驱动参数

在"径向切削驱动方法"对话框中设置步距指定方式为"最大值",距离为"0.2mm",材料侧的条带与另一侧的条带均为"2",如图 6-33 所示。

单击"预览"选项组中的"显示"按钮![显示], 在图形区预览驱动路径,如图 6-34 所示。

确认驱动路径正确后单击"确定"按钮,返回"固定轮廓铣"工序对话框。

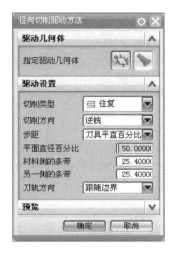

图 6-31　"径向切削驱动方法"对话框

图 6-32　指定驱动几何体

图 6-33　设置径向切削驱动参数

图 6-34　预览驱动路径

◆ 步骤 6　设置切削参数

在"固定轮廓铣"工序对话框中单击"切削参数"按钮![切削参数],打开"切削参数"对话框。在"余量"选项卡中设置部件余量为"-1",如图 6-35 所示。完成设置后单击"确定"按钮,返回"固定轮廓铣"工序对话框。

◆ 步骤 7　设置非切削参数

在"固定轮廓铣"工序对话框中单击"非切削移动"按钮![非切削移动],弹出"非切削移动"对话框。设置进刀类型为"插削"，高度为"2mm"，如图 6-36 所示。单击"确定"按钮完成非切削移动参数的设置，返回"固定轮廓铣"工序对话框。

图 6-35 "余量"选项卡

图 6-36 "进刀"选项卡

◆ 步骤 8 设置进给率和速度

在"固定轮廓铣"工序对话框中单击"进给率和速度"按钮，打开"进给率和速度"对话框，设置主轴转速（rpm）为"6000"，切削进给为"600"，单击"计算"按钮，得到表面速度与每齿进给量。

展开"更多"选项组，对不同运动的进给率进行设置，设置进刀与第一刀切削的进给率为"50%切削进给率"，如图 6-37 所示。

单击"确定"按钮，返回"固定轮廓铣"工序对话框。

◆ 步骤 9 生成刀轨

在"固定轮廓铣"工序对话框中单击"生成"按钮，计算生成刀轨，生成的刀轨如图 6-38 所示。

图 6-37 "进给率和速度"对话框

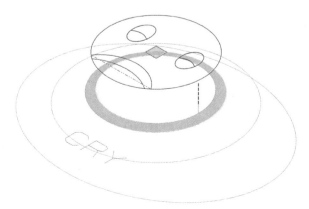

图 6-38 生成刀轨

◆ 步骤 10　确定工序

确认刀轨后单击"确定"按钮，接受刀轨并关闭"固定轮廓铣"工序对话框。

【精益求精】

本任务创建了径向切削驱动方法的固定轮廓铣工序，在完成本任务时，需要注意以下几点：

1）加工零件表面的下凹图案时，以图案为驱动几何体并设置负余量进行加工，相对于做完整设计再编程要方便、快捷。

2）做线条的雕刻加工，应选用小直径的球刀，平刀将不支持负余量的加工编程。

3）选择径向切削的驱动几何体可以有多个，但要注意每一条边界都是连续的，不连续的边界需要单击"创建下一个边界"按钮。

4）在使用平底刀或者圆角刀进行径向切削驱动工序创建时，要注意设置其材料侧的条带或者另一侧的条带时需要考虑刀具半径。

5）条带的侧向需要通过预览来确认。

6）当加工部位需要在零件曲面以下，要设置部件余量为负值。

7）由于在曲面之下加工，进刀方式应采用简单的"插削"方式，采用圆弧、倾斜、螺旋等方式可能会过切。

8）第一刀切削时会产生全刀宽的切削，因而要指定相对较低的进给率。

9）生成的刀轨是在曲面之下时，着色显示视图将看不到完整的刀轨，可以将显示模式改为"静态线框"进行刀轨的检视。

【挑战一下】

本任务采用径向切削驱动的固定轮廓铣，并设置负余量进行一个环形槽的加工。如果在模型上做出凹槽的造型，请尝试使用径向切削驱动的固定轮廓铣进行加工。

任务 6-3　创建眼睛加工的曲线/点驱动固定轮廓铣工序

【任务目标】

➢ 了解曲线/点驱动方法的特点与应用。

➢ 能正确选择驱动几何体的点或者曲线。

➢ 掌握曲线/点驱动的切削步长设置方法。

➢ 能够正确设置选项，创建曲线/点驱动的固定轮廓铣工序。

【任务分析】

本任务要创建沿着眼睛边缘曲线加工的固定轮廓铣工序，采用的是曲线/点驱动方法。

【知识链接：曲线/点驱动】

曲线/点驱动方法通过指定点或曲线来定义驱动几何体。驱动曲线可以是开放的或封闭的，连续的或非连续的、平面的或非平面的。曲线/点驱动方法最常用于在曲面上雕刻图案，将部件余量设置为负值，刀具可以在低于零件表面处切出一条槽。

选择驱动方法为"曲线/点"，系统将弹出图 6-39 所示的"曲线/点驱动方法"对话框。

1. 驱动几何体选择

驱动几何体可以采用点或线的方式指定，并且两者可以混合使用。

（1）点 单击"点"按钮 ，系统弹出"点"对话框，如图 6-40 所示。在图形区依次指定所需选择的点。选择点为驱动几何体时，在所指定顺序的两点间以直线段连接生成驱动轨迹。如图 6-41 所示，在图中依次拾取 A、B、C 三个点，生成刀路轨迹。

（2）曲线 曲线是默认的驱动几何体类型，选择曲线，将沿着所选择的曲线生成驱动点，刀具依照曲线的指定顺序，依次在各曲线之间移动形成驱动点，并可以选择"反向"来调转方向。选择多条曲线时，可以指定原始曲线来选择起始端。图 6-42 所示为选择曲线生成的刀路轨迹。

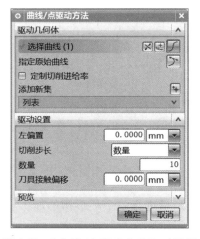

图 6-39 "曲线/点驱动方法"对话框

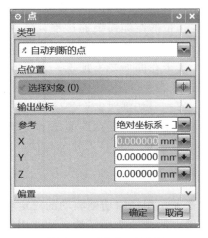

图 6-40 "点"对话框

在选择曲线时，结合使用曲线规则，可以快速地选中相连曲线、相切曲线、特征曲线和面的边线等。

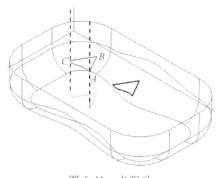

图 6-41 点驱动

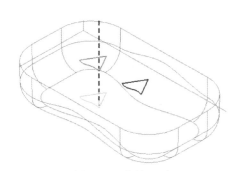

图 6-42 曲线驱动

2. 定制切削进给率

勾选"定制切削进给率"选项，可以为当前所选择的曲线或点指定进给率，还可以为多条曲线指定不同的进给率。

设置的进给仅对当前选择的曲线有效，如果不进行设置，将使用"进给率和速度"对话框中设置的切削进给率。

3. 添加新集

添加新集后，选择的曲线将成为下一驱动组，驱动组之间将以区域间转移的方式连接，也就是在前一组曲线的终点退刀，到下一组曲线起始端进刀，如图 6-43a 所示；而不添加新集的曲线将作为同一驱动组，直接连接到前一组曲线的终点，如图 6-43b 所示。

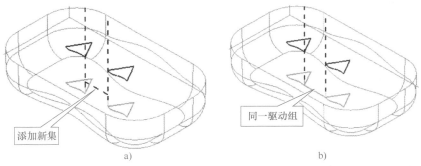

图 6-43　是否添加新集的驱动连接对比

4. 列表

在列表中将显示当前已经选择的驱动几何体，可以进行编辑与删除驱动几何体。

5. 左偏置

左偏置将刀轨中心偏离曲线，设置向左偏置的距离。

所谓"左"是从驱动几何体的曲线方向来判断的，可以设置为负值向右偏置。

6. 切削步长

切削步长指定沿驱动曲线产生驱动点间距离的方法，产生的驱动点越靠近，创建的刀路轨迹就越接近驱动曲线，切削步长的确定方式有以下 2 种。

（1）公差　沿曲线产生驱动点，规定的公差值越小，各驱动点就越靠近，刀路轨迹也就越精确。图 6-44a 所示为设置公差值生成的驱动点示例。

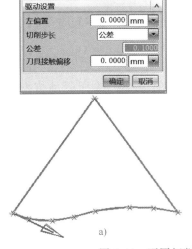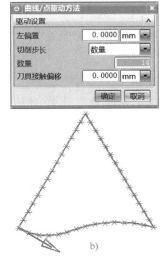

图 6-44　不同切削步长指定方法生成的驱动点示例
a）公差　b）数量

（2）数量　直接指定驱动点的数目，在曲线上按长度平均分配产生驱动点。图 6-44b 所示为指定数量生成的驱动点示例。

按公差方式设置切削步长，其驱动点不是均匀分布的，如直线就只有起点与终点。按数量设置步长时，如果输入的点数不能满足零件公差要求，系统会自动产生多于最小驱动点数的附加驱动点。

7. 刀具接触偏移

刀具接触偏移是以刀具接触点进行偏移的。

【任务实施】

创建眼睛加工的曲线/点驱动固定轮廓铣工序的步骤如下。

◆ 步骤 1　复制工序

6-3

显示工序导航器，选择工序"T62-RADIAL"并右击，在弹出的快捷菜单中单击"复制"，再次右击，在弹出的快捷菜单中单击"粘贴"，如图 6-45 所示。复制的工序为"T62-RADIAL_COPY"。再次右击，单击"重命名"，将复制的工序命名为"T63-CURVE"，如图 6-46 所示。

图 6-45　复制工序

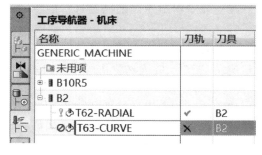

图 6-46　重命名工序

◆ 步骤 2　编辑工序

双击工序"T63-CURVE"，打开"固定轮廓铣"工序对话框，进行工序参数的编辑，如图 6-47 所示。

◆ 步骤 3　选择驱动方法

在"固定轮廓铣"工序对话框的"驱动方法"选项组中，选择驱动方法为"曲线/点"，打开"曲线/点驱动方法"对话框。

◆ 步骤 4　设置驱动参数

设置切削步长指定方式为"公差"，公差值为"0.01"，如图 6-48 所示。

◆ 步骤 5　选择驱动几何体

单击"选择曲线"按钮，在图形上拾取一个椭圆形的眼睛边界线，如图 6-49 所示。

在"曲线/点驱动方法"对话框中单击"添加新集"按钮 ⊹，再拾取另一个椭圆形的眼睛边界线，如图 6-50 所示。选择完成后单击"确定"按钮，返回"固定轮廓铣"对话框。

图 6-47　编辑工序

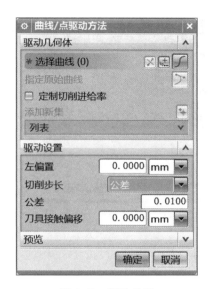

图 6-48　驱动设置

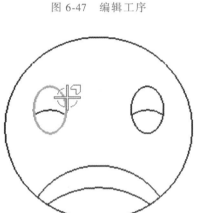

图 6-49　选择第一组驱动曲线

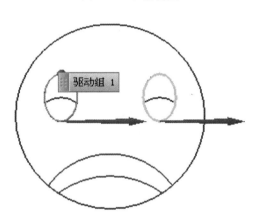

图 6-50　选择第二组驱动曲线

◆ 步骤 6　设置切削参数

在"固定轮廓铣"工序对话框中单击"切削参数"按钮 ，打开"切削参数"对话框。在"余量"选项中确认部件余量为"-1"。在"多刀路"选项卡中设置部件余量偏置为"1"，勾选"多重深度切削"选项，设置步进方法为"增量"，增量值为"0.3"，如图 6-51 所示。

单击"确定"按钮，返回"固定轮廓铣"工序对话框。

◆ 步骤 7　生成刀轨

在"固定轮廓铣"工序对话框中单击"生成"按钮 ，计算生成刀轨，生成的刀轨如图 6-52 所示。

◆ 步骤 8　确定工序

检视刀轨，确认刀轨后单击"固定轮廓铣"工序对话框底部的"确定"按钮，接受刀轨并关闭工序对话框。

图 6-51 "多刀路"选项卡

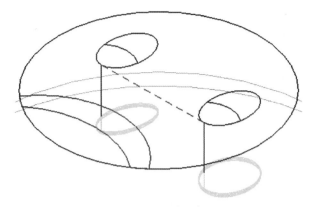

图 6-52 生成刀轨

【精益求精】

本任务创建了曲线/点驱动的固定轮廓铣工序，在完成本任务时，需要注意以下几点：

1）通过复制工序的方法可以直接沿用前工序的刀具、切削参数、非切削移动、进给率和速度的选项参数，能够减少设置工作量。

2）选择不连续的曲线时，一定要用"添加新集"的方式，否则将会直接连接，导致产生过切。

3）对于由直线和圆弧组成的曲线，设置的公差值并不影响刀路轨迹，但对于复杂的曲线或者面边界，指定的公差值将影响刀路轨迹的正确性。

4）一次性加工余量较大时，应该采用多刀路加工，指定每层的切削深度。部件余量偏置为"1"，切深为"0.3"，将生成 4 层切削刀轨，最一层的切削余量为"0.1"。

5）进行多刀路加工时，只能按"层"进行加工，如果要按"区域"，则只能选择单个曲线生成刀轨，然后在后处理时将其合并。

【挑战一下】

本任务采用曲线/点驱动的固定轮廓铣完成了眼睛曲线边界的加工，也可以采用边界驱动方法，请尝试将切削模式指定为"轮廓"进行加工。

任务 6-4 创建眼球加工的边界驱动固定轮廓铣工序

【任务目标】

➢ 了解边界驱动方法的特点与应用。

➢ 能正确选择驱动几何体的边界或空间范围的环。

➢ 掌握边界驱动的切削模式选择和步距确定方法。

➢ 能够正确设置选项，创建边界驱动的固定轮廓铣工序。

【任务分析】

对于眼球部分的加工，由于有现成的一个边界，可以采用边界驱动方法进行加工。

【知识链接：边界驱动方法】

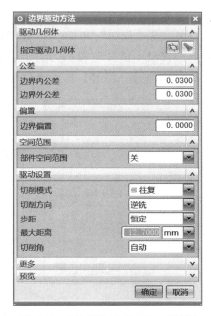

边界驱动方法可指定以边界或空间范围来定义切削区域。根据边界及其圈定的区域范围按照指定的驱动设置产生驱动点，再沿投影矢量方向投影至零件表面，定义出刀具接触点与刀轨。选择驱动方法为"边界"，将出现图 6-53 所示的"边界驱动方法"对话框。

边界驱动方法需要指定驱动几何体。边界几何体可以使用曲线、永久边界、点或面来指定。还可以对选择的驱动几何体进行公差和偏置设定。除此之外，边界几何体还可以用部件空间范围来指定，并且可以与选择的驱动边界几何体组合使用。

"边界驱动方法"对话框中的驱动设置选项与"区域铣削驱动方法"对话框中的基本相同。

1. 指定驱动几何体

单击"指定驱动几何体"按钮 ，打开"边界几何体"对话框，如图 6-54 所示。边界几何体的选择方法及选项与平面铣相同。最常用的选择模式为"曲线/边"。

图 6-53 "边界驱动方法"对话框

指定过边界几何体后再次单击"指定驱动几何体"按钮，打开"编辑边界"对话框，如图 6-55 所示，可以对选择的边界进行编辑或删除。

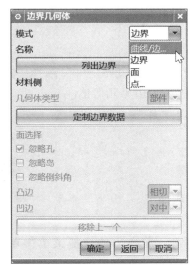

图 6-54 "边界几何体"对话框

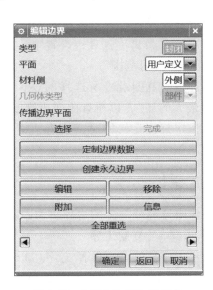

图 6-55 "编辑边界"对话框

选择"曲线/边"指定边界几何体时，打开"创建边界"对话框，在对话框中可以设置边界类型为"开放"的或者是"封闭"的；材料侧可以指定为"外侧""内侧"（封闭边界）或者"左侧""右侧"（开放边界）。

固定轮廓铣工序中的驱动几何体的平面位置将不影响刀轨的生成。在选择边界时，需要特别注意材料侧的设置。

边界的刀具位置有 3 个选项，如图 6-56 所示，分别为"相切""对中"和"接触"。与"对中"或"相切"不同，使用"接触"选项时，刀具沿着曲面加工到接触点的位置在边界上，接触点的位置根据刀尖沿着轮廓曲面运动时的位置变化而改变，如图 6-57 所示。当刀具在部件另一侧时，接触点位于刀尖另一侧。

图 6-56 "创建边界"对话框　　　　　　　图 6-57 接触点位置

2. 公差

选择驱动几何体后，设置边界内公差和边界外公差。

3. 偏置

边界偏置可以对边界进行向内或向外的偏移。

边界驱动设置中的公差和偏置选项将对选择的驱动边界几何体起作用，与"切削参数"对话框中的"余量"选项卡设置中的公差和偏置作用对象不同。

4. 部件空间范围

部件空间范围沿着所选择的零件表面的外部边缘作为驱动边界，可以选择"所有环"或者"最大的环"，以所有曲面边缘或者最外缘的曲面边缘为边界几何体。

在指定部件几何体时，使用"体"方式将难以确定"环"，应使用"面"方式指定部件几何体。

【任务实施】

创建眼球部分加工的边界驱动固定轮廓铣工序的步骤如下。

◆ 步骤 1　复制工序

6-4

显示工序导航器，选择工序"P62-RADIAL"并右击，在弹出的快捷菜单中单击"复制"，再次右击，在弹出的快捷菜单中单击"粘贴"，将复制的工序重命名为"T64-BOUND-ARY"，如图 6-58 所示。

◆ 步骤 2　编辑工序

双击工序"T64-BOUNDARY",打开"固定轮廓铣"工序对话框,进行工序的编辑。在工序对话框的"驱动方法"选项组中选择方法为"边界",打开"边界驱动方法"对话框,如图 6-59 所示。

图 6-58　复制工序　　　　　　　　　　图 6-59　"边界驱动方法"对话框

◆ 步骤 3　指定驱动几何体

在"边界驱动方法"对话框中单击"指定驱动几何体"按钮 ![icon]，系统打开"边界几何体"对话框,选择模式为"曲线/边",如图 6-60 所示。打开"创建边界"对话框,指定刀具位置为"接触",如图 6-61 所示。

图 6-60　"边界几何体"对话框　　　　　图 6-61　"创建边界"对话框

改变曲线规则为"相连曲线",拾取一个眼球上的曲线,如图 6-62 所示。

在"创建边界"对话框中单击"创建下一个边界"按钮,再选择另一个眼球上的曲线,如图 6-63 所示。

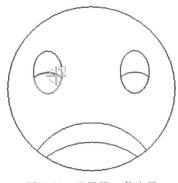

图 6-62　选择第一条边界

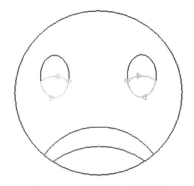

图 6-63　指定第二条边界

连续单击两次"确定"按钮，返回到"边界驱动方法"对话框。

◆ 步骤 4　驱动设置

在"边界驱动方法"对话框中设置切削模式为"跟随周边"，刀路方向为"向外"，步距为"恒定"，最大距离为"0.2mm"，如图 6-64 所示。完成驱动几何体指定和驱动方法设置后，单击"确定"按钮，返回"固定轮廓铣"工序对话框。

◆ 步骤 5　设置非切削参数

在工序对话框中单击"非切削移动"按钮，弹出"非切削移动"对话框。设置进刀参数，设置进刀类型为"顺时针螺旋"，高度为"50%刀具直径"，如图 6-65 所示。单击"确定"按钮，返回"固定轮廓铣"工序对话框。

图 6-64　"驱动设置"选项组

图 6-65　"进刀"选项卡

◆ 步骤 6　生成刀轨

在"固定轮廓铣"工序对话框中单击"生成"按钮，计算生成刀轨，生成的刀轨如图 6-66 所示。

◆ 步骤 7　确定工序

对刀轨进行检视，确认刀轨后单击"固定轮廓铣"工序对话框底部的"确定"按钮，接受刀轨并关闭工序对话框。

【精益求精】

本任务创建了边界驱动的固定轮廓铣工序，在完成本任务时，需要注意以下几点：

1）复制工序时要选择相同设置最多的工序，因此本工序复制的是径向切削驱动的固定轮廓铣工序。

2）固定轮廓铣选择边界驱动方法时，不能再指定修剪边界。

3）边界几何体的刀具位置指定为"接触"，可以保证曲面在其边界部分加工到位。

4）模型文件的曲线边界一部分是与眼睛曲线重合的，使用相连曲线方式进行选择，点选中间的线即可选择到封闭的边界。

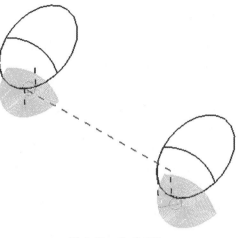

图 6-66　生成刀轨

5）选择一个封闭边界后，必须单击"创建下一个边界"按钮，否则后续选择的曲线将直接连接到前面的曲线上。

6）选择切削模式为"跟随周边"，指定刀具路由内向外，下刀时在中心部位，产生全刀切削的区域最小。

7）进刀类型选择螺旋式，可以避免直接刀具插入，以保护刀具。

8）边界驱动的固定轮廓铣与区域铣削驱动的固定轮廓铣相似，通常要优先选择区域铣削驱动。

【挑战一下】

本任务采用边界驱动的固定轮廓铣完成了眼睛部分的加工。如果采用区域铣削驱动方法，指定修剪边界也可以生成指定范围的切削刀轨，请比较两种方法有何不同。

任务 6-5　创建嘴巴加工的流线驱动固定轮廓铣工序

【任务目标】

➤ 了解流线驱动方法的特点与应用。
➤ 能正确指定流线驱动的驱动几何体。
➤ 能正确进行流线驱动的驱动设置。
➤ 能够正确设置选项，创建流线驱动的固定轮廓铣工序。

【任务分析】

本任务要创建嘴巴部分的加工刀轨。嘴巴部位上有 4 个边界，在该范围内生成刀轨。嘴巴的边界部分上下对应，可以选择流线驱动方法的固定轮廓铣来进行加工。

【知识链接：流线驱动】

流线驱动方法先以指定的流曲线与交叉曲线来构建一个网格曲面，再以其参数线产生驱动点投影到曲面上生成刀轨。流线铣可以在任何复杂曲面上生成相对均匀分布的刀轨。

相对于曲面驱动方法，流线驱动有更大的灵活性，它可以用曲线、边界来定义驱动几何体，并且不受选择曲面时必须相邻接的限制，可以选择有空隙的面。

创建固定轮廓铣工序时，在"固定轮廓铣"工序对话框中选择驱动方法为"流线"，将弹出图 6-67 所示的"流线驱动方法"对话框。"流线驱动方法"对话框的上半部分为驱动几何体的指定设置（图 6-67a），下半部分为驱动设置（图 6-67b）。

1. 驱动曲线

指定驱动几何体时，流线选择方法可使用"自动"方式或者"指定"方式。

使用"自动"方式，系统将自动根据切削区域的边界生成流曲线集和交叉曲线集，并且忽略小的缝隙与孔。如图 6-68 所示，指定了切削区域后，使用自动方式指定驱动曲线。

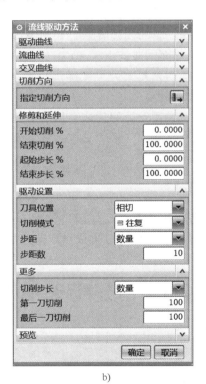

图 6-67 "流线驱动方法"对话框

使用"指定"方式，选择流曲线与交叉曲线的方法来创建网格曲面。图 6-69 所示为以"指定"方式选择驱动曲线，选择了 3 条流曲线和 3 条交叉曲线，以生成流线驱动刀轨。

指定流曲线或交叉曲线时，选择完成一条串连曲线后，要单击"添加新集"按钮，或者单击鼠标中键，再开始下一条流曲线或交叉曲线的选择。

选择流曲线或交叉曲线应该使起始位置对应、方向一致，否则将不能构建正确的网格面，默认的起始位置是靠近选择位置的端点。

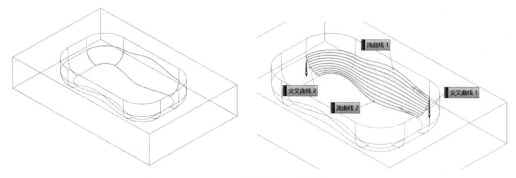

图 6-68　自动指定驱动曲线

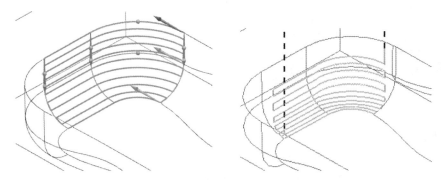

图 6-69　指定驱动曲线

2. 切削方向

流线驱动方法需要指定开始切削的角落和切削方向。单击"切削方向"按钮，在图形区中的驱动几何体的 4 个角显示 8 个方向箭头，如图 6-70 所示，可用鼠标指针选取所需的切削方向。

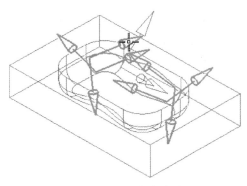

指定切削方向的同时，便决定了切削流线的方向和起始位置，图 6-71 所示为选择不同箭头所显示的驱动路径对比。

图 6-70　选择切削方向

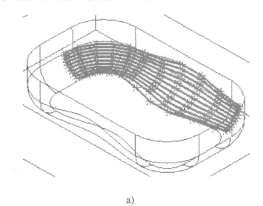

a)

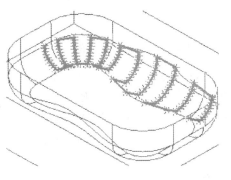

b)

图 6-71　不同的切削方向

3. 修剪和延伸

修剪和延伸可用于缩减或扩展流线所形成的网格曲面的加工范围。

修剪和延伸的参数如图 6-72 所示，可在各文本框中输入数值，从而设置 4 个角落点的位置。默认情况下，每一边都是 0～100%，可以进行扩展或收缩。图 6-73 所示为设置结束切削为 50%、结束步长为 75% 的驱动路径范围。

图 6-72　修剪和延伸

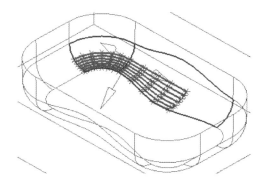

图 6-73　限制范围

4. 驱动设置

流线驱动方法需要进行驱动设置，包括刀具位置、切削模式和步距等选项。

1）刀具位置：决定系统如何计算刀具在零件表面上的接触点，可以选择"相切""对中"或"接触" 3 个选项。

2）切削模式：有"单向""往复""往复上升"和"螺旋"等选项。图 6-74 与图 6-75 所示分别为往复和螺旋的刀轨示例。

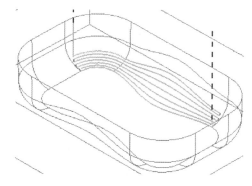

图 6-74　往复刀轨示例

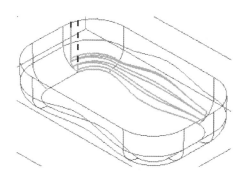

图 6-75　螺旋刀轨示例

需要注意的是：这里的往复、单向和往复上升的刀轨并不是平行的，而是沿着曲面的某一参数线方向。开始切削与起始步长的百分比可以设置为负值，结束切削与结束步长的百分比可以超过 100%，扩展成由流线生成的切削区域范围。

3）步距：流线驱动的步距可以通过"恒定""残余高度"和"数量" 3 种方式设置。

【任务实施】

创建嘴巴部分加工的流线驱动固定轮廓铣工序的步骤如下。

◆ 步骤 1　复制工序

显示工序导航器，选择工序"T62-RADIAL"并右击，在弹出的快捷菜单中单击"复制"，再次右击，在弹出的快捷菜单中单击"粘贴"，将复制的工序命名为"T65-STREAM-LINE"，如图 6-76 所示。

◆ 步骤 2　编辑工序

双击工序"T65-STREAMLINE"，打开"固定轮廓铣"工序对话框，进行工序的编辑，在工序对话框的"驱动方法"选项组中，选择方法为"流线"，打开"流线驱动方法"对话框，如图 6-77 所示。

图 6-76　复制工序　　　　　　图 6-77　"流线驱动方法"对话框

◆ 步骤 3　选择流曲线

在图形上拾取嘴巴上边线，如图 6-78 所示。单击鼠标中键，完成一个流曲线的选择。

再拾取嘴巴下边线，并保证箭头所指方向一致，如图 6-79 所示。单击鼠标中键，完成流曲线的选择。

图 6-78　指定一条流曲线　　　　　图 6-79　指定另一条流曲线

◆ 步骤 4　指定切削方向

在"流线驱动方法"对话框中单击"指定切削方向"按钮🡆，在图形区选择图形左下角接近水平方向的箭头，如图 6-80 所示。

◆ 步骤 5　设置驱动参数

设置刀具位置为"对中"，步距为"恒定"

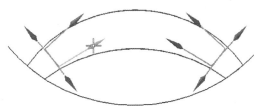

图 6-80　指定切削方向

值，最大距离为"0.2mm"，如图 6-81 所示。

◆ 步骤 6　预览驱动路径

单击"预览"按钮，在图形区预览驱动路径，如图 6-82 所示。确认正确后单击"确定"按钮，返回"固定轮廓铣"工序对话框。

图 6-81　"驱动设置"选项组

图 6-82　预览驱动路径

◆ 步骤 7　生成刀轨

在"固定轮廓铣"工序对话框中单击"生成"按钮 ，计算生成刀轨，生成的刀轨如图 6-83 所示。

◆ 步骤 8　确定工序

确认刀轨后单击"固定轮廓铣"工序对话框底部的"确定"按钮，接受刀轨并关闭工序对话框。

【精益求精】

本任务创建了流线驱动的固定轮廓铣工序，在完成本任务时，需要注意以下几点：

1）使用"自动"方式来指定驱动曲线时，通常要指定切削区域。

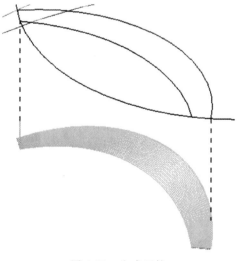

图 6-83　生成刀轨

2）使用"指定"方法选择流曲线和交叉曲线时，选择完成一条边界后要先单击鼠标中键，完成当前曲线的指定，再选择将作为下一组的曲线，否则将作为当前的流曲线或者交叉曲线。

3）指定切削方向时应选择左下角位置，以方便加工时的观察。

4）刀具位置要选择"对中"方式，使用"接触"方式不能生成完整的刀轨。

【挑战一下】

本任务创建流线驱动的固定轮廓铣工序时只选择了两条流线，为更准确地加工周边，需要指定交叉曲线，请将两侧边的曲线指定为交叉曲线来创建流线驱动的固定轮廓铣工序。

任务 6-6 创建文本标记加工的文本驱动
固定轮廓铣工序

【任务目标】

➢ 了解文本驱动方法的特点与应用。
➢ 能正确选择文本几何体。
➢ 能够正确设置选项，创建文本驱动的固定轮廓铣工序。

【任务分析】

本任务要创建一个文本标记的加工轨迹，采用文本驱动方法的固定轮廓铣工序。

【知识链接：文本驱动】

文本驱动方法以注释文本为驱动几何体，生成刀位点并投影到部件曲面上生成刀轨。与平面铣中文本铣削区别在于：固定轮廓铣中的文本将被投影到曲面上以加工曲面。

创建工序时，选择工序子类型为"轮廓文本" $\mathbb{A}$，直接创建驱动方法为"文本"的固定轮廓铣工序。创建固定轮廓铣工序时，选择驱动方法为"文本"，打开"文本驱动方法"对话框，如图 6-84 所示。无须设置任何参数，直接单击"确定"按钮，返回工序对话框。

1. 文本几何体

文本驱动的"固定轮廓铣"工序对话框中将出现"指定制图文本"按钮 $\mathbf{A}$，单击该按钮，将弹出图 6-85 所示的"文本几何体"对话框，在图形上拾取注释文字。选择完成后单击"确定"按钮，返回工序对话框。

文本几何体只能选择注释文本，不能选择文字曲线。

图 6-84 "文本驱动方法"对话框

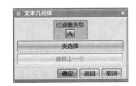

图 6-85 "文本几何体"对话框

2. 文本深度

在"轮廓文本"工序对话框的"刀轨设置"选项组中可以设置文本深度。在固定轮廓铣工序对应的切削参数对话框的"策略"选项卡中设置文本深度，表示在加工部件表面上的下凹深度，如图 6-86 所示。

文本深度值较大时，应该进行多层切削，可以在"多刀路"选项卡中进行设置。完成其他参数设置后生成刀轨，如图 6-87 所示。

图 6-86 "切削参数"对话框

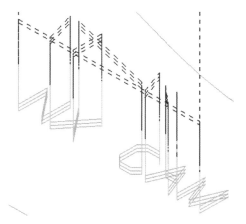

图 6-87 文本驱动刀轨示例

【任务实施】

创建"CRY"文本标记加工的文本驱动固定轮廓铣工序的步骤如下。

6-6

◆ 步骤 1 复制工序

显示工序导航器，选择工序"T63-CURVE"并右击，在弹出的快捷菜单中单击"复制"，再次右击，在弹出的快捷菜单中单击"粘贴"，将复制的工序重命名为"T66-TEXT"，如图 6-88 所示。

◆ 步骤 2 编辑工序

双击工序"T66-TEXT"，打开"固定轮廓铣"工序对话框，进行工序的编辑。在工序对话框的"驱动方法"选项组中，选择方法为"文本"，打开"文本驱动方法"对话框，如图 6-89 所示。无须任何设置，单击"确定"按钮，返回"固定轮廓铣"工序对话框。

图 6-88 复制工序

图 6-89 "文本驱动方法"对话框

◆ 步骤 3 指定制图文本

在"固定轮廓铣"工序对话框中单击"指定制图文本"按钮 **A**，弹出图 6-90 所示的"文本几何体"对话框。在图形上拾取注释文字"CRY"，如图 6-91 所示。单击"确定"按钮，完成文本几何体的指定，返回"固定轮廓铣"工序对话框。

◆ 步骤 4 设置切削参数

单击"切削参数"按钮，打开"切削参数"对话框。在"策略"选项卡中设置文本深度为"1",如图 6-92 所示。在"余量"选项中设置部件余量为"0",如图 6-93 所示。单击"确定"按钮返回"固定轮廓铣"工序对话框。

图 6-90 "文本几何体"对话框

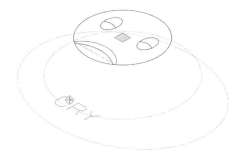

图 6-91 选择文本

图 6-92 "策略"选项卡

图 6-93 "余量"选项卡

◆ 步骤 5 生成刀轨

在"固定轮廓铣"工序对话框中单击"生成"按钮，计算生成刀轨，生成的刀轨如图 6-94 所示。

◆ 步骤 6 确定工序

对刀轨进行检视，确认刀轨后单击"固定轮廓铣"工序对话框底部的"确定"按钮，接受刀轨并关闭工序对话框。

【精益求精】

本任务创建了文本驱动的固定轮廓铣工序，在完成本任务时，需要注意以下几点：

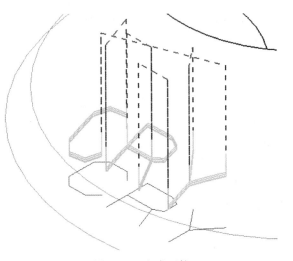

图 6-94 生成刀轨

1）复制曲线驱动的固定轮廓铣工序有多刀路的设置，可以减少部分参数选项设置。

2）指定制图文本几何体只能选择注释文本，文本曲线不能使用文本驱动方法。

3）指定文本深度时以正值表示深度，实际是向下的，而部件余量不能再设置为负值。

4）使用文本深度或者负的部件余量值时，数值不能大于刀具的圆角半径，否则生成的刀轨将是不可靠的。

5）创建固定轮廓铣工序时，选择的驱动几何体可以在加工曲面的上方，也可以在加工曲面的下方，都会沿刀轴方向投影到曲面上。

【挑战一下】

本任务创建了文本驱动的固定轮廓铣工序，加工对象是制图文本。制图文本不能随意指定字体，如果是其他字体的曲线，请创建一个文本曲线，并创建曲线/点驱动方法或边界驱动方法的固定轮廓铣工序并完成文本曲线的加工。

任务 6-7　创建底部异形面加工的曲面区域驱动固定轮廓铣工序

【任务目标】

➤ 了解曲面区域驱动方法的特点与应用。
➤ 能正确指定曲面区域驱动的驱动几何体。
➤ 能正确进行曲面区域驱动方法设置。
➤ 能够正确设置选项，创建曲面区域驱动的固定轮廓铣工序。

【任务分析】

本任务要创建模型底部异形面的加工工序，这是一个环形的曲面，其上端部分为圆形，下端部分为椭圆，可以采用曲面区域驱动方法的固定轮廓铣进行加工，生成的刀轨沿曲面的流线方向，加工效果较为理想。

【知识链接：曲面区域驱动】

曲面区域驱动也称为曲面驱动，该驱动方法可创建一组阵列的、位于驱动面上的驱动点，然后沿投影矢量方向投影到零件面上而生成刀轨。如果没有指定部件几何体，将直接在驱动曲面上产生刀轨。

创建固定轮廓铣工序时，在"固定轮廓铣"工序对话框中选择驱动方法为"曲面区域"，则弹出"曲面区域驱动方法"对话框。首先要指定驱动几何体，再进行驱动几何体参数设置与驱动设置，如图 6-95 所示。

1. 驱动几何体

（1）指定驱动几何体　单击"指定驱动几何体"按钮，弹出"驱动几何体"对话框，如图 6-96 所示，可以在图形上选取曲面。选择多个驱动面时，在绘图区按顺序选择第一行的曲面，选择完第一行曲面后，单击"开始下一行"，再选择第二行曲面，依次类推，完成所有曲面行的定义。

指定曲面区域驱动方法的驱动几何体时，只能逐个选择，不能使用窗选等其他选择方法。

选取曲面时一定要逐个选取相邻的曲面，并且不能存在间隙；多行曲面必须按行和列有

图 6-95 "曲面区域驱动方法"对话框　　　　图 6-96 "驱动几何体"对话框

序地排列，并且每行应有同样数量的曲面，每列也应有同样数量的曲面，否则会因参数线方向不统一而无法生成刀轨或者生成混乱的刀轨。

（2）切削区域　切削区域用于缩减或扩大选择的驱动曲面的加工范围，包括"曲面%"与"对角点"两个选项。

1）曲面%：选择"曲面%"选项时，将弹出"曲面百分比方法"对话框，如图 6-97 所示，可在各文本框中输入数值，从而设置角落点的位置。默认方式为每一边都使用从 0～100%显示的驱动路径。

2）对角点：在选择的驱动面上指定两个点作为形成对角点，对角点上的参数线将确定切削区域。图 6-98 所示为选择驱动面上的 A、B 两点的驱动路径。

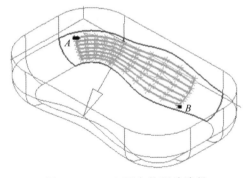

图 6-97 "曲面百分比方法"对话框　　　　图 6-98 A、B 两点的驱动路径

（3）刀具位置　刀具位置决定系统如何计算刀具在零件表面上的接触点。刀具位置可以选择"相切"和"对中"两个选项。

（4）切削方向　切削方向指定开始切削的角落和切削方向。单击该选项，图形窗口中在驱动曲面的 4 个角显示 8 个方向箭头，如图 6-99 所示，可用鼠标指针选取所需的切削方向。

（5）材料反向　材料反向用于反转曲面的材料方向矢量。

2. 偏置

曲面偏置指定驱动点沿曲面法向的偏置距离。

3. 驱动设置

曲面区域驱动方法的驱动设置选项包括切削模式和步距设置两个选项，与流线驱动方法的选项基本相同，但在切削模式中增加了"跟随周边"，其刀轨示例如图 6-100 所示。

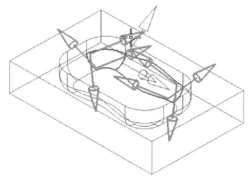

图 6-99　选择切削方向

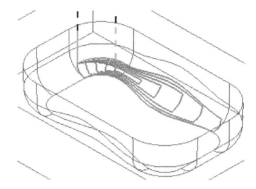

图 6-100　"跟随周边"刀轨示例

4. 更多

更多中的选项主要用于对切削步长进行设定，如图 6-101 所示。切削步长控制在一个切削中的驱动点分布数量，可以通过公差或数量方式进行定义。

1）公差：指定最大偏差距离，由系统产生驱动点。

2）数量：在创建刀路轨迹时，指定沿切削方向产生的最少驱动点的数量。其下方的参数选项取决于选择的路径模式。若选择的是平行线，则需要输入第一刀切削和最后一刀切削数量；可以设置不同的数字，中间部分将在两者之间过渡，如图 6-102 所示。若选择的是其他模式，则需要输入第一刀切削、第二刀切削与第三刀切削数量。

图 6-101　"更多"选项组

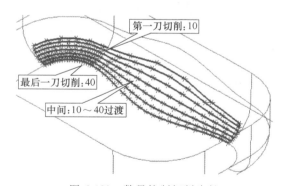

图 6-102　数量控制切削步长

【任务实施】

创建底部异形面加工的曲面区域驱动固定轮廓铣工序的步骤如下。

◆ 步骤 1　复制工序

6-7

显示工序导航器-程序顺序视图，选择工序"T61-SPIRAL"并右击，在弹出的快捷菜单中单击"复制"，再次右击，在弹出的快捷菜单中单击"粘贴"，将复制的工序重命名为"T67-SURFACE"，如图 6-103 所示。

◆ 步骤 2　编辑工序

双击工序"T67-SURFACE"，打开"固定轮廓铣"工序对话框，进行工序的编辑。在工序对话框的"驱动方法"选项组中，选择方法为"曲面区域"，打开"曲面区域驱动方法"对话框，如图 6-104 所示。

图 6-103　复制工序

图 6-104　"曲面区域驱动方法"对话框

◆ 步骤 3　指定驱动几何体

单击"指定驱动几何体"按钮，打开"驱动几何体"对话框，如图 6-105 所示。在图形上拾取底部的异形曲面，如图 6-106 所示。单击鼠标中键，完成驱动曲面的选择并返回到"曲面区域驱动方法"对话框。

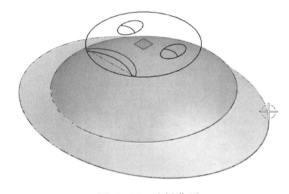

图 6-105　"驱动几何体"对话框　　　　　　图 6-106　选择曲面

◆ 步骤 4　指定切削方向

在"曲面区域驱动方法"对话框中单击"切削方向"按钮，在图形上显示多个箭头，选择上方接近水平方向的一个箭头，如图 6-107 所示。

◆ 步骤 5　指定切削区域

在"曲面区域驱动方法"对话框中，选择切削区域的指定方法为"曲面%"，打开"曲面百分比方法"对话框，设置起始步长为"-10"，结束步长为"110"，如图 6-108 所示。单击"确定"按钮，返回"曲面区域驱动方法"对话框。

◆ 步骤 6　设置驱动参数

在"曲面区域驱动方法"对话框中设置切削模式为"螺旋"，步距为"残余高度"，最大

图 6-107　指定切削方向

图 6-108　"曲面百分比方法"对话框

残余高度为"0.01"，如图 6-109 所示。设置完成后单击"确定"按钮，返回"固定轮廓铣"工序对话框。

◆　步骤 7　生成刀轨

在"固定轮廓铣"工序对话框中单击"生成"按钮，计算生成刀轨，生成的刀轨如图 6-110 所示。

◆　步骤 8　确定工序

对刀轨进行检视，确认刀轨后单击工序对话框底部的"确定"按钮，接受刀轨并关闭工序对话框。

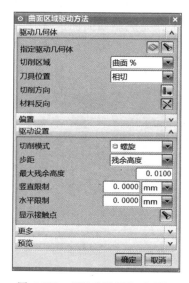

图 6-109　"驱动设置"选项组

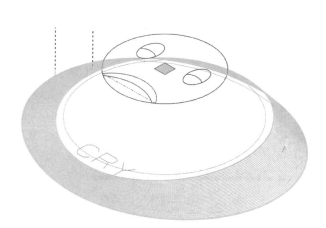

图 6-110　生成刀轨

◆　步骤 9　确认刀轨

显示工序导航器-程序顺序视图，选择顶部的程序"NC_PROGRAM"，将视图方向调整为正等测视图，在工具条上单击"确认刀轨"按钮，系统打开"刀轨可视化"对话框。在对话框中选择"2D 动态"选项卡，再单击下方的"播放"按钮，在图形上将进行实体切削仿真。图 6-111 所示

图 6-111　确认刀轨

为仿真结果。仿真结束后单击"确定"按钮，关闭刀轨可视化对话框。

◆ 步骤 10　保存文件

单击工具栏上的"保存"按钮 ，保存文件。

【精益求精】

本任务创建了曲面区域驱动的固定轮廓铣工序，在完成本任务时，需要注意以下几点：

1）对于顶端与底端有着不同形状的曲面，采用曲面区域驱动的固定轮廓铣可以按曲面流线生成刀轨，避免产生局部不成环的刀轨，因而具有更好的表面加工质量。

2）在程序顺序视图中复制的工序将直接放在原工序之后，在其他视图复制的工序在程序顺序视图中会排到最后。

3）选择驱动曲面后，用曲面百分比方法可以指定切削区域，可以将切削范围扩大，保证对曲面的彻底清理。

4）如果有多个驱动曲面，只能按顺序逐个选择，并且要求选择的曲面与前一曲面保持光顺的连接。

5）切削模式为螺旋时，创建的刀轨连续且无行间连接。

【挑战一下】

本任务采用曲面区域驱动的固定轮廓铣工序进行底部曲面的加工，对于这个零件，可以将顶部与底部曲面放在一个工序内进行加工，请选择合适的驱动方法并设置合理的驱动参数来创建一个固定轮廓铣工序，并完成曲面的精加工。

拓展知识：加工方法与模板

6-8

本项目中，在对卡通脸谱铣雕进行加工的数控程序中应用的多个工序会采用同样的刀具、加工余量以及进给率参数，并采用了复制工序的方法进行参数的沿用。在 UG NX 软件中，还可以采用加工方法设置，来创建一个雕刻加工专用的加工方法，在创建工序时可以直接调用。另外，如果经常要用到这一加工方法，还可以创建加工模板，通过调用模板可以快速实现编程。具体应用请扫描二维码查看。

练习与评价

【回顾总结】

本项目完成了一个卡通脸谱铣雕加工的数控编程，通过 7 个任务介绍了 UG NX 编程中固定轮廓铣的不同驱动方法的设置和应用的相关知识与技能。图 6-112 所示为本项目的思维导图。

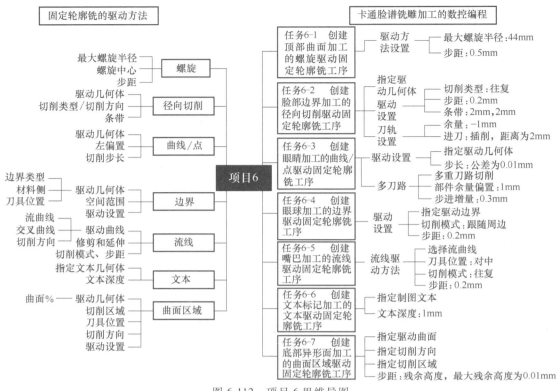

固定轮廓铣的驱动方法 | 卡通脸谱铣雕加工的数控编程

螺旋
- 最大螺旋半径
- 螺旋中心
- 步距

径向切削
- 驱动几何体
- 切削类型/切削方向
- 条带

曲线/点
- 驱动几何体
- 左偏置
- 切削步长

边界
- 边界类型
- 材料侧
- 刀具位置
- 驱动几何体
- 空间范围
- 驱动设置

流线
- 流曲线
- 交叉曲线
- 切削方向
- 驱动曲线
- 修剪和延伸
- 切削模式、步距

文本
- 指定文本几何体
- 文本深度

曲面区域
- 曲面%
- 驱动几何体
- 切削区域
- 刀具位置
- 切削方向
- 驱动设置

项目6

任务6-1 创建顶部曲面加工的螺旋驱动固定轮廓铣工序
- 驱动方法设置
  - 最大螺旋半径:44mm
  - 步距:0.5mm

任务6-2 创建脸部边界加工的径向切削驱动固定轮廓铣工序
- 指定驱动几何体
- 驱动设置
- 刀轨设置
  - 切削类型:往复
  - 步距:0.2mm
  - 条带:2mm,2mm
  - 余量:−1mm
  - 进刀:插削,距离为2mm

任务6-3 创建眼睛加工的曲线/点驱动固定轮廓铣工序
- 驱动设置
- 多刀路
  - 指定驱动几何体
  - 步长:公差为0.01mm
  - 多重刀路切削
  - 部件余量偏置:1mm
  - 步进增量:0.3mm

任务6-4 创建眼球加工的边界驱动固定轮廓铣工序
- 驱动设置
  - 指定驱动边界
  - 切削模式:跟随周边
  - 步距:0.2mm

任务6-5 创建嘴巴加工的流线驱动固定轮廓铣工序
- 流线驱动方法
  - 选择流曲线
  - 刀具位置:对中
  - 切削模式:往复
  - 步距:0.2mm

任务6-6 创建文本标记加工的文本驱动固定轮廓铣工序
- 指定制图文本
- 文本深度:1mm

任务6-7 创建底部异形面加工的曲面区域驱动固定轮廓铣工序
- 指定驱动曲面
- 指定切削方向
- 指定切削区域
- 步距:残余高度,最大残余高度为0.01mm

图 6-112 项目 6 思维导图

【自测项目】

完成图 6-113 所示零件（文件名为"E6. prt"）的数控编程，具体工作任务如下：

1）创建几何体和刀具。

2）创建粗加工的型腔铣工序。

3）创建半精加工的边界驱动固定轮廓铣工序。

4）创建曲面精加工的区域铣削工序。

5）创建底部清角的径向驱动固定轮廓铣工序。

6）创建曲线雕铣加工的曲线/点驱动固定轮廓铣工序。

7）创建文本轮廓加工工序。

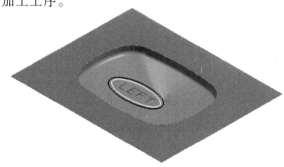

图 6-113 自测题

【思考练习】

1. 固定轮廓铣如何设置负余量？
2. 简述螺旋式驱动的特点与应用。
3. 简述径向切削驱动的特点与应用。
4. 边界驱动与区域铣削驱动有何差异？
5. 流线驱动与曲面区域驱动有何差异？
6. 流线驱动的驱动几何体如何指定？
7. 文本驱动如何指定深度？

【学习评价】

序号	评价内容	达成情况		
		优秀	合格	不合格
1	扫描二维码完成基础知识测验题,测验成绩			
2	能够为不同驱动方法正确指定驱动几何体、设置驱动方法			
3	能够设置合理参数,创建螺旋驱动的固定轮廓铣工序			
4	能够正确指定驱动几何体、设置合理参数,创建径向切削驱动的固定轮廓铣工序			
5	能够正确指定驱动几何体、设置合理参数,创建曲线/点驱动的固定轮廓铣工序			
6	能够正确指定驱动几何体、设置合理参数,创建边界驱动的固定轮廓铣工序			
7	能够正确指定驱动几何体、设置合理参数,创建流线驱动的固定轮廓铣工序			
8	能够合理设置参数,创建文本驱动的固定轮廓铣工序			
9	能选择合适的驱动方法、合理设置参数,完成零件加工的固定轮廓铣工序创建			
10	能完成各任务的"挑战一下"			
	综合评价			

存在的主要问题：_____

_____

_____

参 考 文 献

［1］ 王卫兵. NX8 中文版数控编程入门视频教程 ［M］. 2 版. 北京：清华大学出版社，2012.

［2］ Unigraphics Solutions Inc. UG 铣制造过程培训教程 ［M］. 苏红卫，译. 北京：清华大学出版社，2002.

［3］ 王庆林，李莉敏，韦纪祥. UG 铣制造过程实用指导 ［M］. 北京：清华大学出版社，2002.

［4］ 张磊. UG NX6 后处理技术培训教程 ［M］. 北京：清华大学出版社，2009.

［5］ 王卫兵. UG NX10 数控编程实用教程 ［M］. 4 版. 北京：清华大学出版社，2017.

［6］ 贾广浩. 中文版 UG NX 数控编程完全学习手册 ［M］. 北京：清华大学出版社，2015.